Green Development
and Climate
Change Communication

绿色发展与气候传播

郑保卫 /主编

人民日报出版社

图书在版编目（CIP）数据

绿色发展与气候传播／郑保卫主编．—北京：人民日报出版社，2017. 10
ISBN 978－7－5115－5040－8

Ⅰ.①绿… Ⅱ.①郑… Ⅲ.①气候变化—研究 ②气候学—传播学—研究
Ⅳ.①P467 ②P46-05

中国版本图书馆 CIP 数据核字（2017）第 252374 号

书　　名：	**绿色发展与气候传播**
主　　编：	郑保卫
出 版 人：	董　伟
责任编辑：	梁雪云
封面设计：	春天书装工作室

出版发行：人民日报出版社

社　　址：北京金台西路 2 号
邮政编码：100733
发行热线：（010）65369509　65369846　95363528　65369512
邮购热线：（010）65369530　65363527
编辑热线：（010）65369526
网　　址：www. peopledailypress. com
经　　销：新华书店
印　　刷：三河市华东印刷有限公司

开　　本：710mm×1000mm　1/16
字　　数：300 千字
印　　张：15
印　　次：2018 年 1 月第 1 版　　2018 年 1 月第 1 次印刷

书　　号：ISBN 978－7－5115－5040－8
定　　价：48. 00 元

目 录
CONTENTS

让气候传播真正成为社会共识全民行动

——"绿色发展与气候传播研讨会"在北京举行

"筑牢政府、媒体、社会组织、企业、公众'五位一体'的行动框架,让气候传播真正成为社会共识全民行动",这是中国气候传播项目中心主任、中国人民大学新闻学院教授郑保卫在 2016 年 12 月 18 日闭幕的"绿色发展与气候传播"研讨会上表达的观点。他说:"自 2013 年我们提出要'让气候传播真正形成气候'以来,今天气候传播在我国已逐渐形气候,今后我们将朝着新的目标努力。"

此次研讨会由中国气候传播项目中心和中国传媒大学绿色低碳发展与品牌传播研究中心、中国传媒大学国家广告研究院联合主办,乐施会(香港)北京办事处支持。来自中国气候传播项目中心、中国人民大学、中国工程院、中国气象局、中国传媒大学、中央电视台、中国新闻社、中国国际民间组织合作促进会、自然资源保护委员会、世界自然基金会、普华永道、深圳航都文化公司、创绿中心、能源基金会、湖北碳排放权交易中心,以及中南民族大学、江苏师范大学、新疆财经大学、青岛大学、新乡学院、武汉大学、广东外语外贸大学、闽江学院,以及康奈尔大学、台湾政治大学和中国天气网、中国气象频道,及《东岳论丛》《采写编》等单位的代表共 80 余人出席了研讨会。十余名代表在 2016 年 12 月 17 日上午于职工之家举行的开幕式和大会发言环节中发言。

习近平总书记在对生态文明建设所做的指示中强调:要切实贯彻新发展理念,树立"绿水青山就是金山银山"的强烈意识,努力走向社会主义生态文明新时代。而不久前闭幕的马拉喀什联合国气候大会通过的行动宣言则为全球落实《巴黎协定》,共同应对气候变化提出了行动要求。抓紧行动应对气候变化已是刻不容缓。

据联合国环境规划署的报告,2015 年是有现代气象记录以来最热的一年,而这一趋势仍在持续。此外,曾扬言要退出《巴黎协定》的特朗普当选美国总统后,也给全球应对气候变化进程蒙上阴影。

在此背景下举行研讨会,与会者认为,要使绿色发展和应对气候变化的理念更加深入人心,气候传播需要"巧动口舌",提高"音量",形成"合唱"。

中国工程院院士、中国气候传播项目中心专家委员会主任杜祥琬指出,气候变化是科学,应对气候变化事关全人类的共同利益。应对气候变化引导全球绿色、低碳发展,这个大趋势是改变不了的。然而,美国新当选总统特朗普在竞选过程中提出的阴谋论也在提醒着我们,"气候变化科学需要传播,需要多费口舌,不仅对公众,也包括大人物"。

中国气候传播项目中心主任郑保卫表示,近年来中国在气候传播方面的话语权越来越大,传播效果也越来越好。今后,加强气候传播需要坚持"气候、传播、互动、共赢"四个关键词。政府、媒体、社会组织等利益相关方应通过互动来增进彼此的沟通和了解,形成以政府为主,媒体和社会组织为辅,各方通力合作的气候传播机制,使影响力最大化。他提出应建立政府、媒体、社会组织、企业和公众"五位一体"的应对气候变化行为主体框架,五者相互配合、支撑和互动,为应对气候变化提供基础和保障。

"应对气候变化不仅是气象问题,而且是整个社会的问题",中国气象局公共气象服务中心副主任潘进军认为,作为生态文明建设的重要内容,树立绿色低碳发展理念已成为全社会的共识。在此背景下,应通过气候传播展现中国应对气候变化的积极行动,让更多的社会团体和公众参与到应对气候变化的行动中。

在中国传媒大学学术委员会副主任丁俊杰看来,气候传播不仅是科学问题,也是文化问题,甚至是政治问题,应当由多学科共同介入。

在开幕式之后的大会发言环节,7 位来自政府部门、媒体、研究机构和企业的代表做了发言。

国务院新闻办詹安玲处长谈到,我们的气候传播在推动气候变化谈判方面发挥了重要作用,今后应该多邀请一些媒体、新闻宣传主管部门、政府部门的人来参加这样的研讨会,要像郑保卫教授所讲的那样做到"五位一体"、协调发展。她希望政府主管部门加大对气候传播研究、指导的力度,推动和促进气候传播,使其能够提高水平和质量,讲好中国的绿色低碳发展故事。

除加大"音量"外,气候传播如何提高"音效"也备受关注。中央电视台气象主播宋英杰认为,对气候传播而言,重要的是传播"气候变化+"。所谓"气候变化+",就是要融合民间语言和传统思维,让公众从日常生活中的实例感受到气候变化,使气候传播更加接地气,更易于接受;同时还要紧密联系现实问题,"不能以不变应万变,而要以万变应万变"。

中国新闻社经济部主任俞岚提出,要改善气候传播的效果,须学会讲好故事。在气候传播实践中应把握新闻报道的"温度""深度""硬度"和"广度",用有血有肉的人物拉近与受众的距离,用有思想、有深度的问题为受众答疑解惑,用硬新闻回应关切,同时还应扩大气候传播的视角,跳出会议写会议。

自然资源保护委员会环境、气候、能源高级顾问杨富强建议,气候传播要"讲故事",应讲好绿色"一带一路"的故事,讲好中国如何更好发挥领导力的故事。此外,媒体和社会组织应当学会和欧美同行竞争,勇于担当领导角色,在应对气候变化问题上发出更大声音。

世界自然基金会气候和能源项目署理总监杨欣认为,今后应推动更多国际合作与交流,鼓励年轻人加入应对气候变化的队伍中。

普华永道思想领导力小组经理、中国气候传播项目中心研究员蓝澜谈到,气候变化所带来的机遇与挑战为气候传播提供了新角度,绿色金融、碳市场发展、气候相关金融信息披露等问题都值得媒体关注。

深圳航都文化产业投资有限公司董事长陈素平表示,该公司正在加大绿色影视和平台建设,其制作的主题系列纪录片《绿·道》,从绿色建筑、绿色城镇等不同角度切入和展开,收到了良好的传播效果。

在当天下午的气候传播研究进展及学术成果分享专题发言环节,与会研究者就如何实现有效的气候传播等问题进行了互动。

在中国气候传播项目中心团队的研究成果集中展示中,项目中心研究员王彬彬对比分析了目前国内外气候传播的研究现状,她认为未来气候传播的研究要加强跨学科研究方法的引入、借鉴和相互验证,并在学习吸收国际研究成果的同时,贡献更多本土的视角,使研究真正在本土生根。

国家应对气候变化战略研究和国际合作中心综合部副主任张志强介绍了联合国气候变化大会中国角的工作情况,并提出要汇集各方力量,通过调查、数据、理论、实践,多平台发力,推动我们的气候传播事业进一步发展壮大。

中国新闻出版研究院助理研究员李文竹通过风险传播中的一个网络舆情案例,在微观层面探讨了环境风险传播中的议题框架设置问题,提出了识别受众心理、关联受众身份、平衡框架体系和具象话语形态四个风险传播理念。

中国新闻社记者李晓喻指出,现在联合国气候大会已经成为讨论全球政治经济问题的一个气候版达沃斯,在气候、环境和可持续经济这些议题上争夺领导力的一个舞台,中国的媒体要提高主动出击能力,积极策划热点议题,在气候传播中更充分发挥自己的作用。

《人民日报》记者杨柳就中国媒体气候传播策略问题做了阐述,指出新闻媒体对气候变化问题的议程设置和建构能够提高民众对此问题的认知,从而提高公众参与气候变化议题的意愿,她提出媒体要加深对气候变化的理解,提高议程设置的水平,丰富话语信息量,提升气候传播的效果。

创绿中心气候变化项目官员薛一介绍了创绿中心在内容推广、用户分层、平台搭建、专题设置等方面的成功经验,提出在传播中要注重将气候变化纳入主流社会价值体系中。

能源基金会(中国)传播总监荆卉与大家分享了能源基金会所做的提升能效,发展可再生能源的具体工作,并表示将通过积极的实践行动,为中国的气候传播多做贡献。

中国国际民间组织合作促进会理事长黄浩明,从民间组织的角度与大家分享了对马拉喀什联合国气候大会的感受,强调我们的民间组织一定要参与到全球治理中去,要学会与各种利益相关者打交道,提高民间组织协同合作的能力。

在绿色发展与气候传播研究专题,学者们多视角、全方位地展现了目前气候传播研究丰富与深入的现状。

中南民族大学文学与新闻传播学院徐红教授指出,政府气候传播效果如何将影响到政府的传播策略和相关政策的制定,指出在政府低碳传播过程中,要坚持组织传播与大众传播相结合、组织网络和媒介网络相结合、理念传播和行为传播的结合、常态传播和热点传播相结合的基本原则,提升传播内容的品质。

湖北碳排放权交易中心部门经理杨光星介绍了湖北碳排放权交易中心应对气候变化,进行低碳传播的实践探索,他期望有更多的人关注低碳传播。

中国人民大学新闻学院副教授黄河从环境传播的政策、观念、目的、主体、思路、议题、渠道等方面分析了新媒体时代环境传播的新特征,并指出,要器、道结合,将环境传播、气候传播做得更好。

广东外语外贸大学新闻与传播学院硕士生于文欣探讨了消费者低碳产品购买的内在动机及形成机制，并指出可以通过研究指导企业制定科学的低碳产品定位、消费者细分以及广告沟通策略。

武汉大学新闻与传播学院硕士生叶琼对《人民日报》和《纽约时报》关于巴黎气候大会报道进行了文本分析，指出在环境新闻报道中要注重政治议题与经济议题的平衡，提高环境新闻写作的专业化水平。

台湾政治大学传播学院博士生殷美香运用田野调查方法，对台湾弯腰农夫市集进行深入调研，从气候变化与粮食安全的角度，关注气候变化中受影响的人群，把气候变化体现为一个行动和实践的方向。

来自康奈尔大学传播学系，兼任中山大学互联网与国家治理研究中心研究员的记者贾鹤鹏阐述了各国公众对气候变化的态度及其影响公众态度的社会、政治与经济因素，并通过对社会心理因素影响人们气候变化认知与态度的分析，阐述了气候变化传播研究的未来方向。

江苏师范大学传媒与影视学院贾广惠副教授以《人民日报》和《中国青年报》的雾霾报道为例，分析了媒体在雾霾议题框架建构中所呈现的变动过程，强调其研究的目的在于更好地厘清责任者，引导雾霾公共治理的落实。

18日上午的大会首先举行了天津市精武镇与中国传媒大学绿色低碳发展与品牌传播研究中心战略合作协议的签字仪式。研究中心主任鞠立新讲述了合作的缘起过程，提出要响应中央号召，按照创新、协调、绿色、开放、共享的新发展理念打造精武特色小镇。天津市精武镇副镇长扈树燕介绍了该镇近年来在品牌和低碳传播方面的做法，她对同传媒大学合作寄予期望，愿意共同为实现合作目标而努力。郑保卫教授对这一合作给予高度评价，他提出非常希望这项合作能为气候传播提供一个范例和模式，推动气候传播更好地走向社会、走向民间。

在此后进行的大会讨论环节，与会学者围绕未来如何推进气候传播理论研究与行动实践，如何创新气候传播合作模式、行动框架，如何完善气候传播策略方法等问题进行了互动和交流。

山东社会科学院《东岳论丛》杂志编辑王源回顾了与中国气候传播项目中心在2013年气候变化国际研讨会时进行的专题合作，表示今后愿意为气候传播研究成果的传播和推广做出新贡献。

河北日报社《采写编》杂志主编白太明表示，要加强与气候传播学术团队的合作,并当场表态要在其杂志上设立"气候传播"专栏,为气候传播研究提供可靠的学术平台。

青岛大学新闻传媒学院副院长姜昕副教授感慨于气候变化在走向大众的过程中所遇到的争议,强调气候变化问题与每个人息息相关,要通过"五位一体"的传播框架建构,使气候传播从争议中走向科学,从科学中走向大众。

河南新乡学院新闻传播学院院长祁晓霞与实验中心主任杨建宇介绍了新乡学院开展气候传播理论研究与行动实践的经验,表示要创建独立的专门研究机构,推进气候传播理论研究和社会推广。

深圳航都文化产业投资有限公司总经理刘晓婷与大家分享了该公司作为一个文化企业对气候传播所做的探索,提出希望能够作为一个样板,吸引更多的人加入,扩充气候传播"五位一体"中的企业板块内容。

新疆财经大学新闻与传媒学院副院长艾美华教授表示要基于新疆作为"一带一路"的桥头堡和向西开发的核心区的重要地缘优势,加强对气候传播和中国形象的对外传播,更好地服务于国家发展。

闽江学院的王艳艳表示要加强对气候变化和气候传播的关注,努力开展实践,为推动气候传播助力。

在闭幕式上,中国气候传播项目中心顾问、重庆大学新闻学院名誉院长、新华社原副社长兼常务副总编辑马胜荣,充分肯定了气候传播研究的学术价值和现实意义,并对今后的气候传播提出了要"直面问题、善于描述、行动起来、厘清概念"的四点期望。

中国气候传播项目中心顾问、中国国际民间组织合作促进会理事长黄浩明在大会点评发言中,总结了此次研讨会取得的积极成果,提出要将气候传播做成像高铁一样的中国名片,成为提高中国软实力的一个主力军。

最后,中国气候传播项目中心主任郑保卫教授做了《让气候传播真正成为社会共识全民行动》的总结发言。他认为,这次研讨会为全国关注气候变化和气候传播的专家学者及各界朋友搭建起了一个学术平台,与会者踊跃参与,广泛交流,充分研讨,取得了丰硕成果。通过此次研讨会,我们聚集了队伍、壮大力量,扩大了影响,气候传播在中国已逐渐形成气候。与会者通过分析形势、沟通思想,凝聚起了共识,同时谋划了未来气候传播的发展之路。他提出,今后的气候传播要进一步廓清概念,统一认识,明确任务,自觉行动,要筑牢政府、媒体、社会组织、企业、公众"五位一体"的行动框架,要让作为"主导者"的政府更加主动,作为"引导者"的媒体更加尽心,作为"推助者"的社会组织更加积极,作为"担责者"的企业更加尽力,作为"参与者"的公众更加自觉,大家齐心协力,让气候传播真正成为社会共识和全民行动。

开幕式、大会发言和闭幕式分别由王彬彬、张志强和李文竹主持。徐红和鞠立新主持了专题研讨会。(研讨会会务组供稿)

积极推动绿色发展　努力做好气候传播

——在"绿色发展与气候传播研讨会"开幕式上的致辞

郑保卫①

各位领导、各位嘉宾、各位朋友：

大家上午好！

很高兴能够同大家在这里见面！首先请允许我代表主办单位向全体与会专家学者和各位朋友表示热烈欢迎和衷心感谢！欢迎大家在繁忙的岁末之际前来参加研讨会，感谢大家多年来对中国气候传播项目中心工作的大力支持。

自从 2010 年我们与乐施会合作共同组建中国气候传播项目中心，开展气候传播理论研究和行动推广以来已有 6 年时间。在这 6 年中，我们从跟踪研究哥本哈根联合国气候大会开始，到 2015 年见证《巴黎协定》的签订，经历了中国从被污名化、妖魔化到被肯定和称道的过程，切实感受到了气候变化问题的重要性和复杂性。今年马拉喀什联合国气候大会通过的"行动宣言"，又让我们看到了世界各国共同应对气候变化的行动决心。

这些年来我们中心的工作取得了一些成绩，在国内外产生了一定影响，离不开各位领导、专家的支持和帮助。

今天出席会议的杜祥琬院士是国家气候变化专家委员会主任，当我们表示想聘请他担任我们项目中心的专家委员会主任时，他愉快地接受了聘请，并对我说，你们从新闻与传播的角度介入气候变化研究很有意义。这些年他多次参加我们在国内举办的研讨会和在联合国气候变化大会所举办的气候传播边会，并且都做

---

① 郑保卫系中国人民大学新闻学院教授、博士生导师，中国气候传播项目中心主任，教育部社会科学委员会学部委员兼新闻传播学科召集人。

了发言。他用通俗易懂的语言传播气候变化知识和理念,成为气候传播的引领者。今天,他又莅临研讨会并发表主题演讲,我们向他表示敬意和谢意!

出席今天会议的还有新华社原副社长兼常务副总编辑马胜荣先生,他同我们中国人民大学新闻学院院长赵启正教授是项目中心成立之际最早聘请的两位顾问。多年来,两位顾问始终关心和支持我们的工作,为项目中心的顺利发展倾注了心力。在此,我再次向这些年来给予我们大力支持和帮助的各位项目中心顾问委员会和专家委员会的领导、专家,以及各位朋友表示真诚的谢意!

从项目中心成立起,我们就一直在倡导一个理念:应对气候变化是一种社会行动,需要全社会的共同关注与广泛参与。因此,我们希望越来越多的人能够投入气候变化和气候传播理论研究与行动推广之中。这次参加会议的代表中有不少是加入我们气候传播微信群的朋友。几个月来大家一直在借助手机微信交流,今天得以在会上见面,都感觉格外开心。

这次与我们项目中心共同主办研讨会的有中国传媒大学国家广告研究院,以及新近组建的、即将在会上举行揭牌仪式的中国传媒大学绿色低碳发展与品牌传播研究中心,我们为气候传播队伍的发展壮大感到由衷的高兴,并预祝传媒大学的朋友在绿色低碳发展与气候传播研究方面能够做出成绩,取得进展。

这次研讨会的主题是"绿色发展与气候传播"。下面我想就此问题谈点看法。

"绿色发展",与"创新发展""协调发展""开放发展"和"共享发展"是党的十八届五中全会提出的新发展理念。党中央将其上升到了党和国家发展战略的高度,这充分说明了它的重要性。

"要金山银山,也要绿水青山。绿水青山就是金山银山",是近些年习近平总书记反复强调的一个观点。最近,他在关于生态文明建设所做的指示中再次强调,要切实贯彻新发展理念,树立"绿水青山就是金山银山"的强烈意识,努力走向社会主义生态文明新时代。

"绿色"意味着环保、清洁、美好,而"绿色发展"则意味着低碳发展、循环发展、可持续发展。

如今积极应对气候变化,树立绿色低碳发展理念,已成为"十三五"时期我国社会经济发展的重要指引。因此,解读绿色发展的内涵,传播绿色发展的理念,推广绿色发展的行动,应该是当前气候传播的一项重要任务。

绿色发展是以低碳、节能、环保为目标的一种经济增长方式和生产发展方式。因此,要实现绿色发展,就要推动形成绿色低碳生产方式,就要加快环境保护、清洁生产和绿色服务等绿色产业的发展,努力实现经济效益、生态效益、社会效益的有机统一。

另外,要把绿色发展理念与其他发展理念联系起来,使之相互贯通,相互促进,要坚持在不断创新、加强协调和扩大开放中实现绿色发展,而且要让广大群众能够在绿色发展中增强获得感,能够充分共享绿色发展的成果。

认识了绿色发展的科学内涵,还要积极传播绿色发展的理念,推广绿色发展的行动,要让广大群众把实现绿色发展作为自己的行为准则和行动目标,自觉地采用绿色生产方式,养成绿色生活习惯,营造绿色发展环境,让绿色真正成为一种生产方式、生活基调和发展目标。

此次研讨会我们依然使用了 2010 年第一次举办气候传播研讨会时所概括的四个关键词:气候、传播、互动、共赢。

"气候"与"传播"是两个核心词。我们的一切理论研究和行动推广工作都在围绕着这两个词做文章。我们要研究如何使全社会在气候变化问题上达成共识,如何使人们更多地去关注气候变化,保护生态环境,而这就需要通过"传播"来实现。

"传播"是一种交流、沟通,是参与传播者之间的一种互动。

政府需要通过传播来宣传应对气候变化的政策,表达应对气候变化的立场,促进环境保护绿色发展目标的实现;

媒体需要借助传播来传递气候变化的知识和理念,表达政府和民间应对气候变化的立场和观点,推广应对气候变化的社会行动;

社会组织需要借助传播来阐释气候变化议题的重要性,表达民间社会应对气候变化的立场,吸引公众关注气候变化,践行绿色低碳的发展理念。

"互动":政府、媒体和社会组织需要通过"互动"来增进相互间的沟通与了解,这样才能形成合力,建立起以政府为主导,媒体和社会组织为辅助力量的气候变化传播机制,发挥出最大的影响力,以推动应对气候变化工作的顺利进行。

在传播互动中还应该包括企业和公众,这样才能形成一个完整的互动体系。

企业在使用绿色能源,开发环保技术,践行节能减排等目标上的责任和贡献是不可忽视的。而公众作为气候变化问题的利益攸关方和应对气候变化行动的直接参与者,需要进一步增强绿色观念和环保意识,自觉地从身边点点滴滴小事做起,为促进绿色低碳发展尽心尽力。

"共赢":只有这五者"互动"起来,加强合作,才能实现在应对气候变化议题上的"共赢"。正因为此，这些年来我们项目中心一直在强调要确立"政府主导、媒体引导、社会组织推助、企业担责、公众参与"的"五位一体"的应对气候变化行为主体框架。

这个框架是一个完整的体系，五者之间相互配合、支撑和互动，是实现应对气候变化目标的基础和保障。通过良性互动，逐渐形成全民应对气候变化的体制和机制，增强全社会应对气候变化的意识，促进"低碳"和"绿色"生产方式和生活方式的形成。

出席此次会议的都是关注气候变化与气候传播的专家学者、媒体界和社会组织的朋友，大家相聚一堂，共同研讨如何深入贯彻党中央的决策和习近平总书记的指示精神，如何有效落实马拉喀什联合国气候变化大会签署的"马拉喀什行动宣言"，如何全面认识绿色发展与气候变化、气候治理和可持续发展目标之间的关系，如何在实践层面建立有效的气候传播机制等问题。同时，探讨如何通过气候传播展现我国应对气候变化、践行绿色发展理念的积极行动，将绿色低碳发展理念与绿色生活方式相结合，推动更多的社会团体和公众参与到应对气候变化，促进低碳转型和绿色发展的行动之中，提升公众绿色低碳意识，引领社会绿色低碳风尚，形成全民绿色低碳的社会氛围。

按照会议议程安排，与会专家学者将分析和研讨当前绿色发展和气候变化全球治理面临的形势，分享气候传播研究的前沿话题、动态及成果，设计推进气候传播研究与实践的合作模式、行动框架及策略方法等。总之，议题多，内容丰富，期待大家畅所欲言，各抒己见，贡献自己的智慧，分享各自的成果。

我们希望通过此次研讨会，能够为全国气候传播研究学者提供学术交流的平台，同时打造气候传播研究学术共同体和人际网络，起到凝聚共识，壮大队伍的效果，为提升气候变化与气候传播研究的理论水平和实践效果，推动我国落实"马拉喀什行动宣言"和应对气候变化的工作迈上新台阶做出我们的贡献。

回顾六年来我们开展气候传播理论研究和行动推广的经历与经验，我们深切体会到气候传播研究的价值和意义。我们期盼大家能够齐心协力，共同朝着绿色低碳，生态环保的目标努力，期盼大家都能够"从自己做起，从现在做起，从身边点滴小事做起"，为实现绿色发展，建设美丽中国贡献自己的一份力量。

预祝研讨会圆满成功！

"气候变化"和"气候传播"相关概念解读

郑保卫①

摘 要：绿色低碳发展、生态环境保护与气候变化和气候传播研究日益受到重视，参与的人越来越多，研究成果也在逐年增加。鉴于气候传播研究中概念认识上的误区和混乱，本文根据对相关资料的整理和分析，对"气候变化""气象""天气"与"气候"的关系、"应对气候变化"与"适应气候变化"和"减缓气候变化""气候传播"与"环境传播"等相关概念的关系，做出了界定和区分，以促进理论研究和实际工作的开展。

关键词：气候变化 气候传播 环境传播

2016年12月17—18日"绿色发展与气候传播研讨会"在北京举行。研讨会期间，应邀参会的《采写编》杂志主编白太明先生表示，要在其刊物上开辟"气候传播"专栏，以此来表示对气候变化和气候传播研究的支持。白主编的表态赢得了与会者的热烈掌声。

当前，环境污染、气候变暖、冰山融化、海平面上升，以及物种灭绝等生态危机已逐渐显现，并严重威胁到我们生存的地球家园。世界各国都在对人类社会的科学发展模式进行探索和实践，"绿色""低碳"等理念开始受到国际社会的普遍重视，生态、环境等问题逐渐成为人们关注的焦点。在我国，近些年来，党和政府把"生态建设"与"经济建设""政治建设""文化建设"和"社会建设"作为"五位一体"的国家建设整体布局，把"绿色发展"与"创新发展""协调发展""开放发展"

---

① 郑保卫系中国人民大学新闻学院教授、博士生导师，中国气候传播项目中心主任，教育部社会科学委员会学部委员兼新闻传播学科召集人。

和"共享发展"作为新发展理念,将其上升到了国家发展战略的高度。在此背景下,绿色低碳发展、生态环境保护与气候变化和气候传播研究日益受到重视,参与的人越来越多,队伍越来越壮大,研究成果在逐年增加。

基于这一情况,出席研讨会的专家学者都期盼《采写编》"气候传播"专栏的设立,能够为全国气候变化和气候传播研究提供一个固定的平台,大家借助这一平台能够更好地交流研究成果,促进我国在这一领域的理论研究和行动实践。

研讨会期间,一些与会代表在发言和研讨中提到了一些与"气候变化"和"气候传播"相关联的概念。许多朋友反映,这些概念内涵相近,不太好区别,容易导致认识上出现误区和混乱。

准确认识这些概念的内涵,弄清它们之间的区别,对于我们做好理论研究和开展实际工作十分重要。因此,笔者根据对相关资料的整理和分析,对这些概念做些解读,谈些自己的认识和理解,供大家参考。

一、何为"气候变化"

气候变化不等同于"天气变化"和"气象变化",它是一个特定的、专门性的概念。政府间气候变化专门委员会(IPCC)①将气候变化定义为:

气候状态随时间发生的任何变化,无论是自然变率,还是人类活动引起的变化,而这种变化可以通过其特征的平均值和/或变率的变化予以判别(如利用统计检验),气候变化具有一段延伸期,通常为几十年或更长时间。

《联合国气候变化框架公约》(UNFCCC)②第一条中将气候变化界定为:

经过相当一段时间的观察,在自然气候变化之外由人类活动直接或间接地改变全球大气组成所导致的气候改变。

这一定义强调气候变化是人类活动所引起的"气候改变"。因此,我们可以把

---

① 英文名称 IPCC,是世界气象组织(WMO)和联合国环境规划署(UNEP)于 1988 年联合建立的政府间机构。其主要任务是对气候变化科学知识的现状,气候变化对社会、经济的潜在影响,以及如何适应和减缓气候变化的可能对策进行研究。

② 简称《框架公约》,英文名称 UNFCCC,是 1992 年 5 月 9 日联合国政府间谈判委员会就气候变化问题达成的国际公约,于 1992 年 6 月在巴西里约热内卢举行的联合国环境发展大会(地球首脑会议)上通过的公约,是世界上第一个为全面控制二氧化碳等温室气体排放,以应对全球气候变暖给人类带来不利影响的国际公约,也是国际社会在对付全球气候变化问题上进行国际合作的一个基本框架。每年举办联合国气候变化大会,迄今已举办了 22 届。在 21 届巴黎气候大会上通过了《巴黎协定》。

"气候变化"理解为:主要是指由人类活动所引起的气候异常、改变和极端天气变化现象。

二、如何认识"气象""天气"与"气候"的关系

我们所说的气候变化中的"气候",与"气象"和"天气"之间是什么关系呢?

"气象",是指发生在天空中的,包括风、云、雨、雪、霜、露、虹、晕、闪电、打雷等各种天气现象在内的一切大气物理现象。

"天气",是指经常不断变化着的大气状态。它既可以是一定时间和空间内的大气状态,也可以是大气状态在一定时间间隔内的连续变化。所以,我们可以将其理解为"天气现象"和"天气过程"的统称。简单说,它是指某一个地方距离地表较近的大气层在短时间内的具体状态。这其中,"天气现象",指的是发生在大气中的各种自然现象,即某一瞬时内大气中各种气象要素(如气温、气压、温度、风、云、雾、雨、雪、霜、雷、雹等)空间分布的综合表现。而"天气过程",指的是一定地区的天气现象随时间发生变化的过程。

"气候",是指大气物理特征的长期平均状态,也可以理解为是所给定的某一地区天气状况和天气发展所显示的变动着的大气状态。"气候"与随时变化的"气温"不同,具有稳定性。其时间尺度一般为月、季、年、数年到数百年以上。它通常以冷、暖、干、湿这些特征来衡量,以某一较长时间中天气的平均值和离差值作为表征。

比较上述几个概念可以看出,"气象"是个统称,它包括"天气""气候"和"气候变化"。"天气"是瞬间或过程的现象,指的是一定时间和空间内的大气状态。它可以指某一天气现象,也可以指某一天气过程。"气候"是天气的平均状态和规律,它所显示的是大气物理特征的长期平均状态,其时间跨度通常是以月、季、年、数年或数百年以上来计算的。而"气候变化"则是平均状态和规律的变化,它是对大气物理特征长期平均状态所呈现现象和规律的一种表述。

我们现在所用的"气候变化"概念,其基本含义主要是指由人类活动所引起的气候改变现象。它是依据联合国气候变化框架公约组织(UNFCCC)所做的解释得出的。

气象专家、中央电视台气象主播宋英杰先生指出,目前大家所说的气候变化,是特指除了自然变率之外的,受人为因素影响的那一部分气候变化。以前气象学科传统上认为,气候变化应当包括自然变率和人为因素共同导致的气候变化。现

在在此问题上,气象学界也已达成共识。

由此,我们可以把"气候变化"解释为:主要由人类活动所引起的气候异常、改变和极端天气变化现象。

三、如何认识"气候变化"与"环境"的关系

气候变化既是环境问题,也是发展问题,但是归根结底是发展问题。气候传播所涉及的也不仅仅是环境传播问题,而是范围更大的发展传播问题。

所谓"发展",包括了社会发展、民族发展、国家发展、世界发展、人类发展。正是站在这一高度才形成了气候变化需要社会共治和全球共治的国际社会共识与诉求,才有了让全世界愿意共同遵行、落实和推动的应对气候变化的《巴黎协定》①。

四、如何认识"应对气候变化""适应气候变化"和"减缓气候变化"

"应对气候变化",是气候变化理论研究和行动实践中最常用的一个概念。它指的是人们为遏制全球变暖而采取的应付气候变化的一切思维、举措和行动,其中包括了"适应气候变化"和"减缓气候变化"。

所谓"适应气候变化",指的是增强人们对气候变化的适应能力,包括采取积极行动改善季节性天气预报,保障粮食和淡水供应,提供饥荒预警、救灾应急和灾害援助等,以减少气候变化带来的损害,使之最小化。

所谓"减缓气候变化",是指在当前由于各种原因气候变暖趋势无法完全控制和难以根本逆转的情况下,人们可以通过一些积极、有效的节能减排措施使得温室气体排放的速度放慢,危害减少,以遏制全球气候变暖趋势继续扩大、发展和蔓延。科学研究表明,减缓气候变化的行动可以使气候变暖的速度下降,并最终停止变暖,因此人们对此应充满信心,并努力通过全球共同治理与公众自觉参与来实现减缓气候变化的目标。近些年来国际社会就温室气体排放问题拟定了一系

---

① 是 2015 年 12 月 12 日在巴黎联合国气候变化大会上通过,2016 年 4 月 22 日由 170 多个国家的领导人在纽约联合国总部共同签署的全球应对气候变化的国际文件。该文件承诺要将全球气温升高的幅度控制在 2℃。2016 年 12 月举行的马拉喀什联合国气候变化大会为落实该协定通过了行动宣言。

列国际性公约,如《京都议定书》①《生物多样性公约》②《臭氧层保护公约》③等,以及 2015 年巴黎联合国气候变化大会通过的《巴黎协定》等,对遏制全球变暖,减缓气候变化都起到积极作用。

适应、减缓和应对气候变化是人类保护地球家园,实现永续发展的根本路径,需要全社会的共同关注,需要广大民众的积极参与,需要国际社会的一致行动。

五、何谓"气候传播"

"气候传播",亦可称为"气候变化传播"。它指的是将气候变化信息及其相关科学知识为社会与公众所理解和掌握,并通过公众态度和行为的改变,以寻求气候变化问题解决为目标的社会传播活动。

简言之,气候传播是一种有关气候变化信息与知识的社会传播活动,它以寻求气候变化问题的解决为行动目标。因此,它既是解决气候变化问题不可缺少的一种舆论表达方式,也是人们在应对气候变化过程中可以借助的一种无以替代的信息传播手段。

六、如何认识"气候传播"与"环境传播"等相关概念的关系

如上所述,"气候变化"的核心问题是"发展"问题。相对于"发展","环境""低碳""生态""绿色"等是更具体的,特指某一具体事物的概念。

正是有了气候变化问题,才衍生出了"环境""低碳""生态""绿色"等一系列问题。

"环境",主要指的是大气、水、土壤、植物、动物、微生物等物质因素。而"环境问题",一般是指由于自然界或人类活动作用于人们周围的环境所引起环境质量

---

① 《京都议定书》全称为"联合国气候变化框架公约的京都议定书",是 1999 年 12 月在日本京都由联合国气候变化框架公约参加国三次会议制定的。其目标是"将大气中的温室气体含量稳定在一个适当的水平,进而防止剧烈的气候改变对人类造成伤害"。

② 《生物多样性公约》1992 年 6 月 2 日由联合国环境规划署发起的政府间谈判委员会第七次会议在内罗毕通过,1992 年 6 月 5 日,由签约国在巴西里约热内卢举行的联合国环境与发展大会上签署。该公约是一项保护地球生物资源的国际性公约,于 1993 年 12 月 29 日正式生效。

③ 《臭氧层保护公约》是 1985 年 3 月在维也纳召开的"保护臭氧层外交大会"上通过的一项公约,截至 2000 年 3 月,参加该公约的缔约国有 174 个。该公约由联合国环境规划署倡导,旨在通过国际社会的共同行动来保护臭氧层,防止由于臭氧层的耗损造成对人类健康和环境的损害。

下降或生态失调,以及这种变化反过来对人类的生产和生活产生不利影响的现象。

"低碳",意指较低的温室气体(二氧化碳为主)的排放。而"低碳生活",指的是生活作息时要尽量减少所消耗的能量,从而减少对大气的污染,减缓生态恶化。

"生态",通常指的是生物的生活状态。"生态建设",主要是指对受人为活动干扰和破坏的生态系统进行生态恢复和重建,是人们充分利用现代科学技术和生态系统自然规律,通过自然和人工的结合,达到生活状态的高效和谐,实现环境、经济、社会效益的统一。

"绿色",其基本含义包括自然、环保、和平、宁静、生命、希望等,它意味着环保、清洁、美好,而"绿色发展"则意味着低碳发展、循环发展、可持续发展。

由此看来,这几个概念都有其特定内涵,都可以同"传播"结合,分别构成"环境传播""低碳传播""生态传播""绿色传播"等概念,而且都可以在特定的语境和环境下单独使用。

然而,由于它们都与气候变化有关,而且都是由其派生和引发出来的,因此,笔者主张还是用"气候传播",将其作为一个更具概括性和统领性的概念来涵括或替代"环境传播""低碳传播""生态传播""绿色传播"等相关概念。

有鉴于此,笔者建议,凡与气候变化领域相关的传播理论与实践研究,今后还是以"气候传播"命名为好。不过,这并不影响我们在特定语境和环境下单独使用"环境传播""低碳传播""生态传播""绿色传播"等概念。

七、如何认识气候变化和气候传播中"政府、媒体、社会组织、企业、公众""五位一体"的行为主体框架

近些年来,笔者一直强调在应对气候变化和开展气候传播的过程中,需要建构包括政府、媒体、社会组织、企业、公众在内的"五位一体"的行为主体行动框架。这其中,政府是主导者,媒体是引导者,社会组织是推动者,企业是担责者,公众是参与者。

实践证明,要应对气候变化,离不开政府的政策主导、媒体的宣传引导、社会组织的推动助力、企业的责任承担和公众的行动参与。尤其要注意调动企业和公众的参与积极性,增强企业的责任意识和公众的参与意识,引导企业和公众自觉投入节能减排、保护环境、应对气候变化、维护生态文明的行动之中,特别是企业,要促使其积极承担作为应对气候变化行动主体的责任。

在 2016 年 12 月 17—18 日举行的"绿色发展与气候传播研讨会"上,笔者在总结发言中提出要让气候传播真正成为社会共识和全民行动,就需要在形成"五位一体"的气候传播行为主体行动框架方面有所进展,要努力实现以下目标——

让作为主导者的政府更加主动;作为引导者的媒体更加尽心;作为推动者的社会组织更加积极;作为担责者的企业更加尽力;作为参与者的公众更加自觉。唯此,才能使得气候传播能够形成更大气候,能够为国家、民族、社会和人类发展做出更大贡献。

理论探讨提倡学术自由,上述意见和观点仅供大家参考。

《二十四节气志》序

宋英杰[①]

二十四节气,是中国古人通过观察太阳周年运动,认知一年之中时节、气候、物候的规律及变化所形成的知识体系和应用模式。以时节为经,以农桑与风土为纬,建构了中国人的生活韵律之美。

我们感知时节规律的轨迹,很可能是从"立竿见影"开始的。从日影的变化,洞察太阳的"步履",然后应和它的节拍。我特别喜欢老舍先生在其散文《小病》中的一段话:

生活是种律动,须有光有影,有左有右,有晴有雨,滋味就含在这变而不猛的曲折里。

我们希望天气、气候是变而不猛的曲折,我们内心记录生活律动的方式,便是二十四节气。对于中国人而言,节气,几乎是历法之外的历法,是岁时生活的句读和标点。

孔子说:"四时行焉,百物生焉,天何言哉?"季节更迭,天气变化,草木枯荣,虫儿"坯户"又"启户",鸟儿飞去又飞来,天可曾说过什么吗?天什么也没有说,一切似乎只是一种固化的往复。这,便是气候。但天气时常并不尊重气候,不按常理出牌。按照网友的话说,不是循环播放,而是随机播放。超出预期值和承载力,于是为患。

农耕社会,人们早已意识到,"风雨不节则饥"。中国人对于气候的最高理想,便是"风调雨顺"。无数祭祷,几多拜谢,无非是希望一切都能够顺候应时。就连

---

① 宋英杰,中央电视台气象主播,中国气象局气象服务首席专家。本文选自宋英杰著,《二十四节气志》,中信出版社,2017年9月版。

给孩童的《声律启蒙》中，都有"几阵秋风能应候，一犁春雨甚知时"。

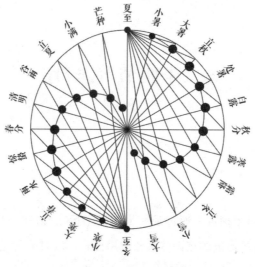

从"立竿见影"开始

我们现在几乎挂在嘴边的两个词，一是平常，二是时候。时候，可以理解为应时之候。就是该暖时暖，该冷时冷，该雨时雨，该晴时晴，在时间上遵循规律。平常，可以理解为平于往常。所谓常，便是一个定数，可视为气候平均值。雨量之多寡，天气之寒燠，一如往常。不要挑战极致，不要过于偏离气候平均值，在气象要素上遵循规律。

明代《帝京岁时纪胜》中评述道：

都门天时极正：三伏暑热，三九严寒，冷暖之宜，毫发不爽。盖为帝京得天地之正气也。

春　　　夏
草木生长　　枝叶繁茂
秋　　　冬
果实丰硕　　谷藏于仓廪

古文字里的四季

只要冷暖有常，便被视为"正气"。

我们自古看待气候的价值观，简而言之，便是一颗平常心，希望气候持守"平常"的愿望。所谓"守常"，即是我们对于气候的期许。

什么是好天气？只要不太晚、不太早，别太多、别太少，就是好天气。如果再温和一些，像董仲舒在其《雨雹对》中所言，那就更好了：

太平之世，五日一风，十日一雨。风不鸣条，开甲散萌而已；雨不破块，润叶津茎而已。

中国之节气，始于先秦，先有冬至（日南至）、夏至（日北至）以及春分、秋分（昼夜平分），再有立春、立夏、立秋、立冬。

二至二分是最"资深"的节气，也是等分季节的节气。只是后来以始冻和解冻为标志的立冬、立春，以南风起和凉风至为标志的立夏、立秋，逐渐问世并成为表征季节的节气。它们一并成为节气之中最初的"八大金刚"。它们之所以最早，或许是因为表象清晰，是易感、易查验的节气。

到西汉时期，节气的数目、称谓、次序已基本定型。在那个久远的年代，便以天文审度气象，以物候界定气候。按照物候的迁变，齐家治国，存养行止。

农桑国度，人们细致地揣摩着天地之性情，观察天之正气，地之愆伏，因之而稼穑；恭谨地礼天敬地，顺候应时，正所谓"跟着节气过日子"。

《尚书》中的一段话说得很达观：

雨以润物，以干物，暖以长物，寒以成物，风以动物。五者各以其时，所以为众验。

每一种天气气候现象有其机理和规律，也自有其益处所在。《吕氏春秋》说得至为透彻：

天生阴阳、寒暑、燥湿，四时之化，万物之变，莫不为利，莫不为害。圣人察阴阳之宜，辨万物之利以便生。

人们早已懂得天气气候，可以为利，可能为害，关键是找寻规律，在避害的基础上，能够趋利。而季风气候，干湿冷暖的节奏鲜明，变率显著。基于气候的农时农事，需要精准地把握，敏锐地因应，所以作为以时为秩的二十四节气在这片土地上诞生并传续，也就是顺理成章的事情了。

在甲骨文关于天气占卜的文字中，有叙、命、占、验四个环节：叙，介绍背景；命，提出问题；占，做出预测；验，检验结果。其中，验，最能体现科学精神。在科学能力欠缺的时代，已见科学精神的萌芽。在诸子百家时代，人们便以哲学思辨、文学描述的方式记录和分析天气气候的表象与原由。

唐太宗时代的"气象台台长"李淳风在其《乙巳占》里便绘有占风图。

一级动叶,二级鸣条,三级摇枝,四级坠叶,五级折小枝,六级折大枝,七级折木,八级拔大树和根。这是世界上最早的风力等级,比目前国际通行的蒲福风力法(Beaufortscale)早了1100多年。两种方式的差别在于,李淳风风力法是以"树木"划定风力,而蒲福风力法是以"数目"划定风力。一个借助物象,一个借助数据。

当然,我们的先人在观察和记载气象的过程中,至少存在三类难以与现代科学接轨的习惯。

原文:辛未卜,祢风。不用,雨。
译文:辛未日占卜,(叙辞)问:祢祭风好吗?
　　　(命辞)占卜者看了卜兆说:不用(占辞)。
　　　后来下了雨(验辞)。

原文:各云不其雨?允不启。
译文:云上来了,不会下雨吧?
　　　(验辞)果然没天晴。

远古天气预报

第一,不量化。杜甫可以"黛色参天二千尺",李白可以"飞流直下三千尺",但气象记录应当秉持精确和量化的方式。气温多少度,气压多少百帕,降水多少毫米,我们未曾建立相应的概念或通行的标准。不仅"岁时记"之类的文字如此,"灾异志"之类的文字亦如此。"死伤无算""毁禾无数",是古代灾情记录中"出镜率"最高的词组。

第二,不系。以现代科学来看,天气气候的观测,不仅要定量,还要定点、定时。但古时正史中的气象记录,往往发生极端性的灾或小概率的"异"才进行记录,连续型变量就变成了离散型变量。研究天气表象背后的规律,便遗失了无数的原始依据。单说降水这一要素,汉代便要求"自立春,至立夏,尽立秋,郡国上雨

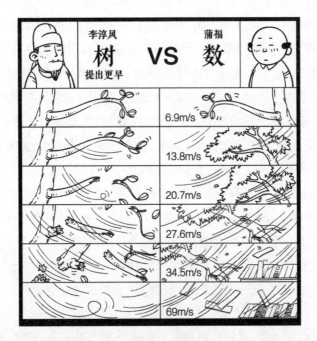

李淳风 vs 蒲福

泽"。但直到清雍正年间才有"所属境内无论远近,一有雨泽即行奏闻"的制度常态化。

为什么天气气候的记录不够系统和连贯呢? 因为人们往往是将不合时令的寒暑旱涝视为帝王将相失政的"天戒",所以只着力将各种灾异写入官修的史书之中,既为了占验吉凶,更为了警示君臣。

第三,不因果。我们往往不是由因到果,而是常用一种现象预兆另一种现象,没有以学科的方式触及气象的本质。并且以"天人感应"的思维,想象天象与人事之间的关联,穿凿附会地解读"祥瑞"、分析异常。

但以物候表征气候,本着"巢居者知风、穴居者知雨、草木知节令"的思维,"我"虽懵懂,但可以从生态中提取生物本能,以发散和跳跃的思维,善于在生物圈中集思广益、博采众长,体现着一种借用和替代的大智慧。并且最接地气的农人,以他们直观的识见,基于节气梳理出大量的气象谚语,用以预测天气,预估丰歉,使得节气文化之遗存变得更加丰厚。

应当说,在二十四节气基础上提炼出的七十二候物语,依然"未完待续"。因为它原本记录和浓缩的是两千年前中原地区各个时令的物候特征,后世并未进行精细的"本地化",并且随着气候变化,物候的年代差异也非常显著。

　　20世纪70年代,"立夏到小满,种啥都不晚"的地区,进入21世纪前10年,已是"谷雨到立夏,种啥都不怕"。从前"喝了白露水,蚊子闭了嘴"的谚语,现在的蚊子都不大遵守了。所以七十二候物语,无法作为各地、各年代皆适用的通例。

　　基于叶笃正院士提出的构想,中国科学院大气物理研究所钱诚等学者进行了运算和分析。在气候变化的背景下,节气"代言"的气候与物候都在悄然发生变化。所以,人们会感觉春天的节气在提前,秋天的节气在延后,夏季在扩张,冬季被压缩。每一个节气的气温都已"水涨船高"。

　　以平均气温 -3.51℃ 作为"大寒天"的门槛,以23.59℃ 作为"大暑天"的门槛,1998—2007年与20世纪60年代进行对比:"大寒天"减少了56.8%,"大暑天"增加了81.4%,不到半个世纪,寒暑剧变。

　　如果以气温来审视节气,下方的曲线是1961—1970年的节气,上方的曲线是1998—2007年的节气,可见节气悄悄"长胖"了。减缓气候变暖的趋势,便是为节气"减肥"。

　　以平均气温来衡量,提前趋势最显著的三个节气是雨水、惊蛰、夏至,延后趋势最显著的三个节气是大雪、秋分、寒露。以增温幅度而论,春季第一,冬季第二。"又是一年春来早",已然成为新常态。

　　不过,我们传承和弘扬二十四节气,不正需要不断地丰富它,不断地完善它吗? 让后人看到,我们这个时代并不是仅仅抄录了古人关于二十四节气的词句。

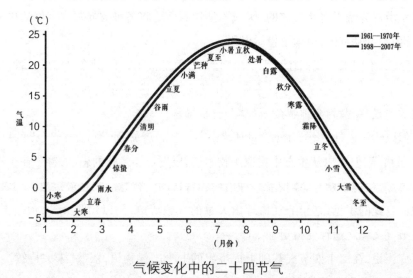

气候变化中的二十四节气

二十四节气的气候变化趋势(1961—2007 年,全国平均气温)

	节气	平均气温阈值(℃)	提前或延后多少天	增温多少(℃)
春	立春	−2.40	—	2.37
	雨水	−0.20	提前 14.6 天	2.43
	惊蛰	2.84	提前 11.0 天	2.21
	春分	6.14	提前 8.8 天	1.25
	清明	9.76	提前 7.2 天	1.52
	谷雨	13.02	提前 6.2 天	1.24
夏	立夏	16.02	提前 6.2 天	1.02
	小满	18.33	提前 6.8 天	1.95
	芒种	20.23	提前 8.0 天	0.96
	夏至	21.83	提前 9.7 天	0.63
	小暑	23.08	—	0.80
	大暑	23.59	—	0.62
秋	立秋	23.14	—	0.53
	处暑	21.78	提前 5.0 天	0.61
	白露	19.50	提前 5.5 天	0.85
	秋分	16.83	提前 6.1 天	1.09
	寒露	13.67	提前 6.0 天	0.81
	霜降	10.28	提前 4.5 天	0.83
冬	立冬	6.66	提前 5.0 天	0.83
	小雪	3.09	提前 5.2 天	0.85
	大雪	0.08	提前 6.5 天	1.35
	冬至	−2.23	—	1.46
	小寒	−3.50	—	1.77
	大寒	−3.51	—	1.39

注:表中的所谓"提前或延后""增温",均是 1998—2007 年与 20 世纪 60 年代之间的对比。

对于节气,我们下意识地怀有"先贤崇拜"的情结。北宋科学家沈括曾评议道:"先圣王所遗,固不当议,然事固有古人所未至而俟后世者。"总有古人未曾穷尽的思维和认知吧?"时已谓之春矣,而犹行肃杀之政。"不能是仅仅拘泥于古时的历法,季节已被称为春天,而人们依然生活在万物萧条的时令之中。

天气虽然常常以纷繁的表象示人,但人们智慧地透过无数杂乱的情节归结某种规律性,即"天行有常"。这个天行之常往往也是脆弱的,并非总是简单地如约再现。于是,人们一方面要不断地萃取对于规律性更丰富的认知,即读懂属于自己的气候;另一方面,还要揣摩无常天气体现出的气候变率。然后,以各种假说的方式提炼出导致灾异的原因并择取最适用的规避方式。

二十四节气以及由此衍生的各种智识和习俗(包括其中的正见与误读、大智慧与小妙用)乃是历史进程中天人和合理念的集大成者。渐渐地,它们化为与我们若即若离的潜意识,或许早已嵌入我们的基因之中,常在我们不自知的情况下,润泽着我们对于万千气象的体验。

我常常感慨古代的岁时典籍浩如烟海,在图书馆中常有时光苦短之感,难以饱读。所以,也只能不问"归期",一本一本地啃,一点一点地悟。如胡适先生所言:"进一寸有进一寸的欢喜。"品读古人关于节气的文字,品味今人以节气为时序的生活,对于我来说,就是诗和远方。

我国气候传播研究的机遇与挑战

郑保卫①　王彬彬②

摘　要：气候变化的讨论从 20 世纪 80 年代开始，如今已经成为最热门的国际政治和外交议题之一。气候变化问题是环境问题，也是发展问题，归根到底是发展问题，关乎全人类的可持续发展。正是因为应对气候变化任务的艰巨和紧迫，需要世界各国携起手来，采取积极行动共同应对。相比欧美学界，我国的气候变化传播研究是自发的、内生的，我国气候传播研究的发展脉络也与欧美国家有明显不同。本文重在梳理我国气候传播研究的发展脉络，厘清研究现状，在此基础上进一步分析我国气候传播研究面临的机遇与挑战，希望能为下一步的气候传播研究工作明确方向。

关键词：气候变化　气候传播　国际气候治理规范　国内化　公众认知

气候变化问题是环境问题，也是发展问题，归根到底是发展问题，关乎全人类的可持续发展。2007 年联合国人类发展报告明确将升温 2℃ 设定为全球环境恶化的临界值，超越这一临界值，全球会进入危险状态。人类活动已经加快了全球平均气温的升高，导致海平面上升、气流模式紊乱和热带龙卷风路径改变，并大大提高了不规律的干旱、洪涝等极端天气事件发生的概率，对自然和人类系统产生了严重的负面影响。正是因为应对气候变化任务艰巨且紧迫，需要世界各国携起手来，积极采取措施共同应对。

---

① 郑保卫，中国人民大学新闻学院教授、博士生导师，中国气候传播项目中心主任，教育部社会科学委员会学部委员兼新闻传播学科召集人。

② 王彬彬，北京大学国际关系学院博士后，中国人民大学新闻学院气候传播方向博士，中国气候传播项目中心联合发起人、联合国气候变化南南合作伙伴关系特别顾问。

气候传播,是将气候变化信息及其相关科学知识为社会与公众所理解和掌握,并通过公众态度和行为的改变,以寻求气候变化问题解决为目标的社会传播活动。简言之,气候传播是一种有关气候变化信息与知识的社会传播活动,它以寻求气候变化问题的解决为行动目标。① 本文重在梳理气候传播研究在中西方的发展脉络,厘清研究现状,进而在此基础上分析我国气候传播研究面临的机遇与挑战,希望能为下一步的工作方向提供思路。

一、国际气候传播研究的发展脉络

气候变化是欧美科学家通过对过去 1000 年的相关数据进行分析后总结发现的,相应的,欧美学界对气候传播的研究也略早于我国。而我国是发展中国家里第一个开始这方面研究的国家。

20 世纪 80 年代,欧美科学家发现了气候变化的严重性,而且是人为造成的,之后"存在论"和"怀疑论"之间有过长达十多年的辩论和交锋。从新闻价值的构成要素角度,这些内容具备了真实性、新鲜性、重要性和趣味性,符合新闻选择的标准,所以这些发现和争论被媒体同步实时推送,得以呈现在欧美公众面前。

1988 年,许多民意调查都发现,美国、欧洲和日本的公众对气候变化的担忧越来越多。② 这类民意调查一方面可以直接影响决策制定者的决定,同时应对气候变化需要公众参与,调查测量出来的公众行为改变也和应对气候变化的效果直接相关。鉴于此,气候变化公众认知调查逐渐得到各界关注。欧美学界在此基础上尝试挖掘其背后的规律,也有学者的关注点落到了媒介和新闻文本分析上,尤其是对北美和欧洲国家的主流媒体,考察媒介对气候变化议题的建构机制,重点考量媒体有关气候变化议题的话语框架,并试图解释形成这一框架的主要影响因素。③ 随着国际气候谈判的兴起,有学者开始关注不同信息传播主体的话语建构机制问题,还有一部分研究机构从政治学角度着力于国际气候治理规范传播策略的研究。综上,对公众认知、新闻文本、话语框架及国际气候规范传播策略层面的探讨,构成了欧美气候变化传播研究领域的基本框架。

相比欧美学界,我国的气候传播研究起步晚了十年左右,这与气候变化议题

---

① 郑保卫主编,《气候传播理论与实践》,人民日报出版社,2011 年。
② Anthony Leiserowitz, *International Public Opinion, Reception, and Understanding of Global Climate Change*, Human Development Report 2007/2008, UNDP.
③ 王战、李海亮,《西方气候变化传播研究综述》,东南传播,2011 年第 3 期。

源于欧美,传递到我国需要一定时间周期有关。值得注意的是,与气候变化议题由西到中的传播轨迹不同的是,我国学者开始气候传播研究是自发的、内生的,我国气候传播研究的发展脉络也与欧美国家有明显不同。

2009年年底联合国气候变化谈判在丹麦首都哥本哈根举行,因为谈判议程的重要性和参与国家政府代表的高规格,这场谈判成为当时的全球焦点,也进入我国公众的视野,并直接促成了我国气候传播研究的自觉启动。

国际气候谈判的中心任务在于构建具有约束力的国际气候制度,形成国际气候治理规范,并使之被国际社会普遍接受和切实遵守。[1] 这种规范建立后可以使各方的需求汇聚在一个中心,为合法行动以及决策者达成可行的一致模式提供指南,并降低行为的不确定性。长远来说,人们甚至可以看到政府在顺应规范的各种规则上是如何界定它们的自我利益的;同时,制度还可以通过禁止确定的行动来约束国家的行为。为了形成规范,从国际维度来看,需要各个国家积极地参与国际气候谈判,以建立气候治理共识;从国内的视角,国际气候治理规范需要落实到国家层面,对国内政治产生积极影响。无论是参与气候治理规范的创设,还是接受气候治理规范,都可视为国际气候治理规范的传播。[2]

在对待国际气候治理规范原则问题上,因为国际政治与国内政治的分离与差异,发达国家和发展中国家对国际规范原则的理解也表现出微妙不同。发达国家认为气候变化是环境问题,应该聚焦在温室气体减排上。我国与其他发展中国家则坚持认为"气候变化是环境问题,也是发展问题,归根到底是发展问题"[3]。这个原则上的差异一方面是因为发展中国家是气候变化的直接受害者,同时,也是因为这些国家有发展的内在动力。在气候变化治理问题上,我国政府与其他发展中国家还强调,国际社会不应只关注单纯的温室气体减排,应该把发展中国家的经济和社会发展作为气候治理长期规划的考虑因素。

正因为有上述这些原则理解的差异存在,尽管我国政府在哥本哈根谈判中明确表态积极应对气候变化,并积极斡旋促进国际协议的达成,在哥本哈根谈判后期,其表现反而遭到国际舆论的误解。我国学者分析认为,欠缺对国际气候治理

---

[1] Robert O Keohavne, Joseph S Nye Jr, *Power and Interdependence Revisited*. 1987 (03).

[2] 程少勇,《国际气候治理规范的演进与传播——以印度为案例》,《南亚研究季刊》,2012年第2期,第26－32页。

[3] 胡锦涛,《携手开创未来推动合作共赢》,2005年7月在英国苏格兰鹰谷举行的八国集团与中国、印度、巴西、南非、墨西哥五国领导人对话会上胡锦涛发表的书面讲话。

规范传播策略的深入了解可能是导致这一现象出现的原因之一。在国际气候治理规范传播的过程中,除了政府,不同的信息传播主体在阐释原则、建构规范方面可以发挥不同的作用。因此,学者将目光聚焦在追踪研究国际气候谈判中不同信息传播主体的角色定位和合作模式上①,并成立了发展中国家第一个专门从事气候传播研究的机构——中国气候传播项目中心。②

2010 年开始,我国进入了国际规范国内化的快车道。国际规范国内化的过程,是指国家抵制、调整、适应直至最后内化国际规范的过程。③ 在这个过程中,国内结构,如国家的政治制度、社会结构以及连接两者的网络发挥着至关重要的作用。国际规范必须经由国内结构和国内规范才能产生作用,而国内结构和规范又可以在执行国际规范的过程中对其做出多种不同的解释④,并可能最终作用于国际规范的修订中。在充分分析内外部环境的基础上,中国气候传播项目中心的学者敏锐地意识到了公众认知研究在内在化转型中的特殊价值。⑤ 2012 年,中国气候传播项目中心开展了第一次中国公众气候变化认知状况调查,其结果得到我国政府和国际社会的高度认可,成为我国学界从公众认知角度开展气候传播研究的标志性事件。

至此,在特殊的外部机遇推动下,我国气候传播研究用了三年的时间与欧美气候传播研究完成接轨。从欧美和我国的气候传播研究发展脉络中可以发现,两者的研究主体虽然都是气候变化的传播问题,但在开始时间、研究缘起、对气候变化问题的基本立场、研究定位、框架和方法上都有各自的特点(表1)。

---

① 郑保卫、王彬彬、李玉洁,《在气候传播中实现合作共赢——论气候传播中中国政府、媒体、社会组织的角色及影响力》,《新闻学论集》,第 24 辑。
② 中国气候传播项目中心由中国人民大学新闻与社会发展研究中心与国际发展与人道救援机构乐施会于 2010 年 4 月共同组建,以寻求气候变化问题的解决方案为目标,致力于中国气候传播理论与实践的研究。在国际层面为中国政府、媒体、社会组织提供交流和合作的平台,共同打造中国积极、正面的国际形象;在国内层面从气候变化问题的传播角度普及公众对气候变化的认知,推动相关政策落实。
③ 林民旺、朱立群,《国际规范的国内化:国内结构的影响及传播机制》,《当代亚太》,2011 年第 1 期,第 140 页。
④ Thomas Risse‐Kappen,*Bringing Transnational Relations Back In*,Cambridge University Press,1995.
⑤ 《郑保卫:让中国气候传播研究走向世界,落到民间》,人民网,http://world.people.com.cn/GB/16656007.html。

表1 我国与欧美国家气候传播研究状况对比

气候传播研究　　国别	欧美国家	中国
开始时间	20 世纪 90 年代	2009 年
研究缘起	气候变化怀疑论的辩论	联合国哥本哈根气候变化谈判
气候变化的基本立场	1. 气候变化是环境问题 2. 关注控制温室气体排放	1. 气候变化是发展问题 2. 关注减排的同时,关注适应
研究定位	偏重环境传播	跨学科视角的独立定位
研究框架	公众认知→媒介与文本分析→话语框架	话语框架→媒介与文本分析→公众认知
研究方法	始终以定量分析为主,辅之以定性分析	定性分析→定量分析
代表机构	耶鲁大学气候传播项目、乔治·梅森大学气候传播中心、皮尤研究中心全球气候变化研究项目、哥伦比亚大学环境决策研究中心等	中国气候传播项目中心

从发展脉络中还可以发现,欧美的气候传播研究可以分为两个方向,一支是由心理认知学演变到传播学视角的实证的定量研究,包括公众认知和媒介分析两个领域。另一支是国际政治视角为主的国际规则及其国内化策略的定性研究,包括政府等传播主体的话语框架分析和国际规范传播策略研究。随着对气候变化认知的提升和气候传播研究的深入,这两个方向在实践中出现融合的趋势,但截至目前仍缺少实质性的交流与互动。相比而言,我国气候传播研究的启动与国际气候规范的传播进程密切关联,随着国际规范国内化的进程而发生由外而内的自然转向,在研究思路和设计上是连贯的,在研究视角和方法上是开放融合的,一直致力于借用不同学科视角来探讨符合国际局势和中国国情的气候传播战略,解决现实中出现的问题。

二、我国气候传播研究的国际机遇

1. 国际气候治理的三个共识基本形成，为传播气候变化提供了科学依据

第一个共识是气候变化确实发生，并且是由人为因素造成的。关于气候变化的激烈争论从 20 世纪 80 年代中叶开始，主要围绕是否人为原因造成、气温变化范围及后果展开。为了从科学角度解决争论，1988 年，世界气象组织和联合国环境规划署共同成立了联合国政府间气候变化专门委员会（IPCC），在 1990 年至2007 年间，该组织就全球范围的气候变化问题共发布了四次评估报告，随着论据的收集和方法的更新，逐步肯定了气候变化的确定性。2007 年的第四份评估报告基于 130 个国家 2500 名科学家的研究工作而形成，它证实了气候变暖是不容置疑的，而且自 20 世纪中叶起所引发的全球平均气温升高有 90% 的可能性是由于人类活动所产生的温室气体凝聚造成的。[①] 高度一致和充分的证据表明，在当前气候变化减缓政策和相关可持续发展措施下，未来几十年全球温室气体排放将持续增加。如果以等于或高于当前的速率持续排放温室气体，会导致进一步变暖，并引发 21 世纪全球气候系统的许多变化，极端天气和海平面上升事件发生频率和强度的改变，将主要对自然和人类系统产生负面影响。IPCC 的评估报告主要面向各国决策者，为气候变化国际谈判提供科学依据，因此具有极强的政策指示性作用。第四次评估报告使人为因素造成气候变化确实发生成为世界各国的共识。IPCC 第五次评估报告第一工作组报告刚于 2013 年 9 月发布，预计完整的报告将于 2014 年 10 月发布，将在气候变化科学基础、气候变化影响、适应和脆弱性以及气候变化减缓四个方面提供新的科学依据，以推进更大范围共识的达成。

第二个共识是，发达国家在减少温室气体排放这个问题上应承担其历史责任。发达国家总人口总数不到全球的 20%，但从 1900 年到 2005 年，其温室气体排放总量却占全世界的 80%，1950 年以前排放的温室气体 95% 都源自发达国家。《联合国气候变化框架公约》明确规定发达国家负有不可推卸的历史责任，《京都议定书》进一步明确了每个发达国家及其整体应承诺的具体减排指标。

第三个共识是面对气候变化这个全人类共同的生存危机，只有实现对气候危机的全球治理才能转危为机、共同促进人类文明的可持续发展。全球气候变化已

---

① IPCC, Fourth Assessment Report, Climate Change 2007: Synthesis Report – Summary for Policy-makers.

成为世界各国的共同利益所在,这种利益互相依存对于合作至关重要,当国家能从合作中获得较高利益时,自然希望合作而不是采取单边行动。这种模型中不存在利他主义者,因为每个国家都在为自己的最佳利益而战。① 由于气候变化危机具有全球性特征,因此世界各国在气候领域的国内利益和国际利益也是休戚相关,甚至共同放大。正是在这个共识基础上,包括中国在内的世界各国越来越积极而有策略地参与到国际气候治理规范的完善中。

2. 中国在气候变化领域的参与度和影响力正不断提升,为我国气候传播研究在国际层面的深入提供了坚实的政治基础

气候变化不仅影响每一个人的生活,影响一个国家的生存和发展,也深刻影响着当今世界的国际关系和国际政治格局。从1990年国际气候谈判正式启动到今天,23年的时间里,发达国家阵营与发展中国家阵营南北对立的基本格局贯穿始终。从参与度和话语权的角度,发展中国家经历了从被动参与到主动参与的过程。作为发展中国家代表,中国因为自身的国际影响力与日俱增,在应对气候变化问题上成为不容忽视的力量,而且中国与发展中国家"守望相助"②,在气候谈判中发挥着越来越重要的作用。

作为率先发布《应对气候变化国家方案》的发展中大国,中国将自身的发展融入到全球气候变化行动中,加强沟通和交流,积极融入、利用和建设国际气候治理规范。③ 在国际气候治理规范建设方面,中国始终站在发展中国家立场,要求发达国家切实履行公约规定的义务,不仅在减缓气候变化上要率先采取行动,也应积极提供资金、技术和能力建设支持以帮助发展中国家,特别是最不发达国家和小岛屿国家适应气候变化,这些观点赢得了广大发展中国家的支持与尊重。与此同时,中国还用实际行动向其他发展中国家提供实质性援助,重点涉及适应气候变化基础项目建设、适应气候变化技术推广、节能和可再生能源产品技术的推广应用以及发展中国家需要的能力建设四个方面④,这些举动进一步加深了中国与其

---

① Robert Axelrod and Robert O. Keohane, *Achieving Cooperating Under Anarchy*, in David A. Baldwin, ed., Neorealism and Neoliberalism: the Contemporary Debate, New York: Columbia University Press, 1993.

② 解振华,《专访:发展中国家在应对气候变化问题上守望相助》,新华网,2012年12月8日, http://news. xinhuanet. com/world/2012 – 12/08/c_124067429. htm。

③ 丁宏源,《中国和气候变化国际制度:认知和塑造》,《国际观察》,2009年第4期。

④ 江国成,《中国将帮助发展中国家应对气候变化》,新华网,2011年11月21日, http:// news. xinhuanet. com/world/2011 – 11/21/c_111184216. htm。

他发展中国家的互助关系。

3. 我国气候传播研究的国际影响力不断攀升，为当前和今后的工作提供了广阔的研究平台

近年来，我国气候传播研究扎实推进，探索出一条既符合国际局势又有中国特色的发展道路，中国气候传播项目中心在其中发挥了不可替代的作用。这些工作得到国际社会的高度认可，未来会有越来越多的交流互动。

从 2010 年 4 月正式成立开始，作为发展中国家第一家从事气候传播研究的专门机构，中国气候传播项目中心积极参与国际气候治理规范的修订。2010 年 12 月 5 日，项目中心在联合国坎昆气候谈判期间，以"基础四国与墨西哥的气候传播策略"为题，举办了气候传播边会①，这是发展中国家气候传播研究机构第一次在国际气候谈判舞台上举办活动，也是我国气候传播研究真正走向世界的开端。

2011 年 9 月 25 日，由中国气候传播项目中心主办的以探讨气候传播国家战略及政府、媒体、社会组织三方合作与共赢策略为目标的"通往南非——气候变化与气候传播国际研讨会"在北京举行②，来自耶鲁大学气候传播项目负责人 Anthony Leiserowitz 教授应邀参会并做了学术报告。在这次会议上，与会国内外专家就项目"内在化"转型问题展开了探讨，为我国气候传播研究确定了新的目标和方向。会后，中国气候传播项目中心和耶鲁大学气候传播项目就开展合作研究的问题达成了备忘，标志着我国气候传播研究开始了国际合作的进程。同年 12 月 2 日，项目中心主办的"气候传播国际论坛"在联合国德班气候谈判期间举行，中国代表团副团长、中国气候谈判首席代表苏伟出席论坛并发表讲话，并与来自联合国、美国气候与能源方案中心、全球气候行动网络（GCCA），地球新闻网络（ENJ）和乐施会国际联会（Oxfam International）等知名国际机构的代表共同探讨了气候传播在推动国际谈判和全球共同应对气候变化中的积极作用。③ 论坛期间，项目中心还举行了《气候传播理论与实践》（中英文对照版）一书的首发式。由项目中心负责人、中国人民大学新闻与社会发展研究中心主任郑保卫教授主编的这本

---

① 李洋，《中国高校在坎昆举行边会研讨"基础四国"气候传播》，中新社，2010 年 12 月 6 日，http://www.chinanews.com/gn/2010/12 - 06/2703695. shtml。

② 《通往南非气候变化与气候传播国际研讨会在京举办》，新浪网，2011 年 9 月 26 日，http://green.sina.com.cn/2011 - 09 - 26/114523218277. shtml。

③ 《人大教授郑保卫：中国气候传播研究在走向世界》，中新社，2011 年 12 月 11 日 http://www.chinanews.com/gn/2011/12 - 11/3523246. shtml。

书,是发展中国家第一本研究气候传播理论与实践的著作,其研究视野与方法受到了国际社会的好评。①

为提升研究的专业性,扩大社会影响,2012 年 6 月 2 日,中国气候项目中心聘请相关领域的专家组成顾问委员会并举行了第一次委员会议。顾问委员会由全国政协外事委员会主任兼中国人民大学新闻学院院长赵启正、国家发展和改革委员会副主任解振华、中国人民大学校长陈雨露担任主任委员,来自耶鲁大学气候传播项目、英国广播公司(BBC)和联合国系统的代表也受邀担任顾问委员并出席会议。6 月 20 日,项目中心在巴西里约热内卢联合国可持续发展大会中国代表团展馆"中国角"举办了题为"可持续发展战略下的公众参与新路径"的国际边会。中国国家发改委地区经济司司长、联合国可持续发展大会中国筹委会秘书长范恒山到会并作主旨报告。② 这场边会是中国政府代表团组织的十场系列边会之一,标志着我国气候传播研究进入国家平台,其贡献得到国家层面的认可,提升了研究成果的扩散力和影响力。同年 12 月 1 日,项目中心在联合国多哈气候谈判中国政府代表驻地中国角与国家发改委成功合办"公众参与,全民应对气候变化"边会。边会上发布了中国气候传播项目当年的主要成果——《中国公众气候变化与气候传播认知状况调研》英文版摘要。③ 12 月 2 日,项目中心又与耶鲁大学气候传播项目在多哈合办"中美印气候变化公众认知度调研分享"边会,分享了中国、美国和印度三国的公众调研结果并进行了中美对比分析。结果显示,中美印三国公众支持政府应对气候变化,并对气候变化发生这一事实有高度的认同。④ 这样的结果对于支持中国在谈判中赢取主动,推动美国政府积极应对气候变化,推动国际气候治理规范的完善起到策略支持作用。12 月 3 日,中国气候传播项目中心的调研数据被联合国气候变化框架公约执行秘书 Christiana Figueres 在发言中引用,以肯定中国在应对气候变化中的贡献。⑤

---

① 《中国首本气候传播研究专著〈气候传播理论与实践〉出版》,人民网,2011 年 12 月 12 日,http://news. xinhuanet. com/newmedia/2011 - 12/12/c_122410638. htm。

② 《"可持续发展战略下的公众参与新路径"边会在里约中国角举行》,新浪环保,2012 年 6 月 21 日,http://news. timedg. com/2012 - 06/21/content_10727316. htm。

③ 《"公众参与,全民行动应对气候变化"边会在多哈中国角举行》,中新社,2012 年 12 月 2 日,http://www. chinanews. com/gj/2012/12 - 02/4374986. shtml。

④ 《调查称中美印三国公众支持政府应对气候变化》,新浪环保,2012 年 12 月 3 日,http:// green. sina. com. cn/news/roll/2012 - 12 - 03/102025717442. shtml。

⑤ Emission target "set to be met",China Daily,by Lanlan in Doha,Qatar,2012,12,04.

中国项目中心成立的初衷之一是观察到发展中国家与发达国家在气候传播研究方面存在明显差距,希望推动更多发展中国家积极从事气候传播研究,更好地在各自国家普及气候变化知识,为发展中国家参与全球气候治理的能力建设做出贡献。为了实现这个目标,2013 年 10 月,中国气候传播研究中心将与耶鲁大学气候传播项目联合举办气候传播国际会议,这也是气候传播研究领域的第一次国际会议,来自发展中国家与发达国家的上百名代表就气候传播研究的理论框架和实践案例、气候传播的角色定位和全球合作等议题进行深入交流与探讨。

三、我国气候传播研究的国内机遇

国际气候治理符合政治学家提出的"多层次治理"架构。它强调了国际谈判的作用以及代表公共和私人利益相关方参与的多样性,包括政府、企业、非政府组织、媒体和公众等,有国际的、地区的,也有国家或地方层面的。而且,国际气候治理正处于"多层面及多种方式的进展中"。①。在国内层面,我国政府高度重视气候变化,社会各界积极参与应对,为气候传播研究提供了多方面的难得机遇。

1. 政府高度重视气候变化,为气候传播研究提供了难得的历史机遇

应对气候变化,事关我国经济社会发展全局和人民群众的切身利益,事关国家的根本利益。2007 年,国务院发布《中国应对气候变化国家方案》,要求各地区、各部门要从全面落实科学发展观、构建社会主义和谐社会和实现可持续发展的高度,充分认识应对气候变化的重要性和紧迫性,采取积极措施,主动迎接挑战。2011 年,全国人大审议通过的《中国国民经济和社会发展第十二个五年规划纲要》明确了未来五年中国应对气候变化的目标任务和政策导向,提出了控制温室气体排放、适应气候变化影响、加强应对气候变化国际合作等重点任务,应对气候变化作为重要内容正式纳入国民经济和社会发展中长期规划。2012 年 11 月 8日,中国共产党第十八次全国代表大会在北京人民大会堂开幕。胡锦涛代表十七届中央委员会向大会做报告,把生态文明建设放在了突出的地位,提出要坚持共同但有区别的责任原则、公平原则、各自能力原则,同国际社会一道积极应对全球气候变化。党的十八大报告将生态文明理念融入经济建设、政治建设、文化建设、

---

① [法]Sandrine Maljean-Dubois,《国际气候变化制度的未来蓝图:从〈哥本哈根协议〉到〈坎昆协议〉》,《上海大学学报》(社会科学版),2012 年第 2 期,第 1-13 页。

社会建设的各个方面和全过程,努力推进绿色发展、循环发展、低碳发展,努力建设美丽中国,实现中华民族的永续发展。生态文明建设已经成为一个新的历史任务摆在我们面前,应对气候变化是其中不可或缺的一环。而中国建设生态文明,势必为全球应对气候变化带来新的信心与希望。世界第一大排放国,同时又是第二大经济体的中国开始从生态文明建设的角度认真地对待气候变化问题,这对于全球的应对气候变化行动来说,也是一个新的机遇。

在制定政策、明确方向的同时,我国政府也高度重视气候变化的推广与普及工作。为普及气候变化知识,宣传低碳发展理念和政策,鼓励公众参与,推动落实控制温室气体排放任务,2012年9月19日,由时任国务院总理温家宝主持召开的国务院常务会议决定自2013年起将全国节能宣传周的第三天设立为"全国低碳日"。2013年6月17日,主题为"践行节能低碳,建设美丽家园"的第一个"全国低碳日"系列活动在全国顺利举行。此前,宣传气候变化主要是政府的工作,通过媒体报道来实现。通过"全国低碳日"的启动,受众锁定在普通公众,鼓励公众参与到宣传和践行应对气候变化的行列中,可以说,这是气候变化从组织传播向人际传播转变的标志性事件。

2. 媒体对气候变化报道日趋深入,为气候传播研究提供了丰富的内容支撑

媒介内容和话语框架分析是气候传播研究的主要方向之一,近年来,随着气候变化问题重要性的提升,受到的媒体关注越来越多。经历了哥本哈根谈判洗礼的中国媒体对气候变化问题的了解越来越深入,报道也更加立体丰富,为我国气候传播研究提供了丰富的内容支撑。

因为气候变化是全球性议题,媒体报道气候变化有国际和国内两个场域。从媒体参与国际谈判的角色来看,媒体是气候谈判的传播者和推动者。作为人类历史上最大规模和阵容的国际会议,联合国哥本哈根谈判吸引了超过5000名媒体记者进行报道,其中,来自中国的记者有80余名,分属60多家媒体,这个数字甚至远远超出其他几个亚洲国家派出的记者总和。在中国新闻史上,这是我国媒体第一次如此大规模参与国际谈判的报道。但因为准备不够充分,当谈判风云突变时,我国媒体不能有效应对和化解舆论危机,造成集体失声。[①] 正是经历了哥本哈根的洗礼,中国媒体对气候谈判有了初步的认知。从坎昆、德班到去年的多哈谈

---

① 郑保卫、王彬彬、李玉洁,《在气候传播中实现合作共赢——论气候传播中中国政府、媒体、社会组织的角色及影响力》,《新闻学论集》第24辑,2010年6月。

判,中国媒体参与国际谈判越来越冷静,参与的媒体类型逐渐固定,同一家媒体派出的记者队伍也逐步呈现出梯队化趋势,新老结合,在报道侧重点上开始注意差异化处理。一些主流媒体更进一步通过客观真实的报道引导舆论给阻碍谈判者施压,推动谈判朝向公平公正的方向发展。此外,网络媒体也尝试打破频道限制,进行多频道整合,集中优势资源报道不同舆论场的声音,为受众立体呈现国际气候谈判的实况。①

在国内报道层面,从媒体态度、记者专业能力到内容呈现水准等方面,我国媒体都有了质的提升。2009 年前,因为重视不够和专业能力有限,媒体多是被动跟进国家相关政策出台,缺少主动追击深入分析报道的动力和能力。2009 年后,政府应对气候变化的力度加大,相关培训和交流机会增多,媒体越来越重视气候变化报道。善于将对国际谈判的观察与国内实际相结合,专门开辟专栏或专版跟进气候变化政策动向,培养长期跟踪气候变化议题的记者提升议程设置能力,借用媒介融合理论构建多媒体报道框架,这些有意识的改变都使国内的气候变化报道水准大幅提升。

3. 社会组织开展应对气候变化的各种行动,为气候传播研究提供了多视角的案例支持

各类社会组织近年来在我国应对气候变化的行动中发挥着越来越重要的作用,是应对气候变化和开展气候传播的实践者。他们的工作也为气候传播研究提供了多视角的案例支持。

社会组织一直是全球气候治理的重要力量之一,不但参与国际气候治理规范的设计和制定,也是气候谈判的推动者和监督者。随着国际气候治理规范国内化进程的推进,我国社会组织在国内除了充当桥梁助推国内化进程之外,还用实际行动积极应对气候变化,并参与到国家层面气候治理规范的设计中。在实际工作中,社会组织从各自的愿景出发选择适合的角度开展应对气候变化的工作,如开展试点工作实验新的应对方法并与各方分享经验,倡导公众意识提升,开展政策研究与倡导等。这些手法在借鉴了国际经验的同时,也充分尊重我国国情,其表现得到了政府的肯定,其中一些优秀的案例还被写进了国家应对气候变化白皮书,作为我国社会各界共同应对气候变化的例证。随着国内建立气候治理规范的

---

① 郑保卫、王彬彬,《中国政府、媒体、社会组织气候传播策略技巧评析》,《新闻学论集》第 27 辑,2011 年。

呼声越来越大,相关政府部门也在加紧推进气候变化立法工作,非政府组织积极参与立法征求意见的过程,为国家气候变法立法献计献策。

我国企业近些年来也注意到气候变化问题的重要性,一些优秀的企业家代表活跃在国际谈判的舞台上,展示我国新能源企业的发展成绩。越来越多的企业在国家政策的宣传下有了自愿减排的意愿,用实际行动履行企业的社会责任,应对气候变化。

4. 我国公众对气候变化的高认知度,为气候传播研究提供了扎实的群众基础和研究动力

制定、贯彻和落实可持续发展战略与每一个人息息相关,需要全民和社会各界力量的参与和相应。应对气候变化需要公众的参与,只有每位公众关注气候变化问题,从自己做起,从身边的点滴做起,才能真正把解决之道落到实处。鼓励公众参与的第一步,就是要了解公众的态度和诉求,这是我国政府越来越重视的视角。

2012 年 11 月,在三个多月的扎实调研基础上,中国气候传播项目中心公布了《中国公众气候变化与气候传播认知状况调研报告》。这是中国第一次自主开展的全国范围公众气候变化意识调查,数据显示,中国公众对气候变化问题的认知度达93.4%,77.7%的公众对气候变化的未来影响表示担忧。报告指出,93%的受访者认为气候变化正在发生[①](图 1)。在美国,这个数字为62%,英国为75%[②]。

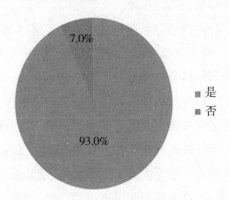

图 1　对气候变化是否发生的判断

(《中国公众气候变化与气候传播认知状况调研报告》,中国气候传播项目中心,2012 年 11 月)

---

① 《中国公众气候变化与气候传播认知状况调研报告》,中国气候传播项目中心,2012 年 11 月 1 日发布。

② 《中国公众对气候变化问题认知度高》,新华社,2012 年 12 月 3 日,http://news. xinhuanet. com/video/2012 - 12/03/c_124037323. htm。

我国公众在气候变化问题上的高认知度与过去几年政府、媒体和社会各界的持续宣传与推广密不可分,充分反映了我国公众在气候变化问题上的认知现状。报告得到了国家相关部门的高度重视,国家发改委副主任解振华在为报告撰写的序言中表示,"这次调研从科学、经济、社会等全方位角度理解并覆盖了气候变化这一复杂而综合的议题","调研对各方及时掌握公众应对气候变化意识现状,制定有针对性的政策措施具有重要参考价值"。[①] 作为社会组织的优秀代表,中国气候传播项目中心的工作还被写入《国家应对气候变化政策与行动 2012 年度报告》。[②] 中国公众在气候变化问题上的高认知度奠定了我国气候传播研究的群众基础,加上中国政府对公众认知调查工作的大力支持,都为我国气候传播研究注入了新的动力。

应对气候变化要强调"政府主导,媒体和社会组织推动,企业主体和公众参与"的思路。没有政府的政策导向和扶持,没有媒体和社会组织的推动和监督,没有企业对环境问题的重视和对低碳经济的投入,没有公众对节能减排和环境保护的认识和参与,要实现应对气候变化的目标是不可能的。[③] 目前,国内各方力量已经动员起来,这也为下一步开展深入的气候传播研究提供了多方面的机遇。

四、我国气候传播研究面临的挑战

虽然我国气候传播研究在国际、国内有多重的发展机遇,但也要清醒地认识到这项工作的艰巨性。明白挑战所在,才能更好地开展下一步工作。

在国际层面,即使国际社会已经形成了三个基本共识,但因为气候变化议题和全球气候治理的双重复杂性,国际气候治理规范的完善进程仍面临很多挑战。首先,虽然国际社会普遍对气候变化的真实性达成共识,但仍有一些声音在质疑气候变化的存在,扰乱国际气候治理秩序。其次,气候变化有一个非常独特的特点,就是每一个国家并非完全平等地从气候变化中受害或收益。一个国家既可以是全球气候变化的污染源,也可能是受害者,而更多的是两者兼有。当前围绕气

---

① 引自国家发改委副主任解振华为《中国公众气候变化与气候传播认知状况调研报告》所作序言。

② 《中国应对气候变化的政策与行动 2012 年度报告》,中华人民共和国国家发展和改革委员会,http://www.scio.gov.cn/ztk/xwfb/102/10/201211/t1246626.htm。

③ 《郑保卫:中国气候传播的民间旗手》,《中国企业报》,赵玲玲,2013 年 7 月 23 日,http://qiye.zqcn.com.cn/qyxw_20130723_731045.html。

候变化形成了发达国家和发展中国家两大阵营,欧盟、美国、77国集团加中国三股力量,折射出南北矛盾、发达国家内部矛盾、发展中国家的内部分歧和针对排放大国的矛盾。① 中国作为世界最大的温室气体排放国,随着中国经济的快速持续发展,能源需求和温室气体排放都迅速攀升,在减排限排温室气体的时间和力度方面所面临的压力也会越来越大。但是,过早的减排义务会延缓中国的经济发展步伐,危害国家利益。中国要维护国家主权和发展,促进能源和环境的协调均衡,从而实现可持续发展。妥善应对气候变化,事关我国经济社会发展全局和人民群众切身利益,事关国家根本利益。② 国际气候治理的挑战增加了气候传播的复杂性。如何平衡国家利益,准确地将国际气候治理的复杂性传递给受众,考验气候传播研究者的智慧和能力。最后,虽然我国气候传播研究经过几年的努力已经与欧美学界完成研究内容的对接,但不同研究方向上还有待继续交流学习。尤其是在公众认知研究领域的调查和分析技术方面还有一定差距。耶鲁气候传播项目中心每年做两次全国性调查,发表一系列关于美国公众认知状况的公开报告,这些报告不但受到媒体的关注,也被美国国内各州和各地方的政策制定者、商业领袖、科学家、教师、社会团体采用,使美国气候变化教育与传播工作更有针对性。③ 这样的数据收集工作耶鲁已经做了十年,积累了大量的数据,建立了专业的数据库,有专业团队从事数据挖掘和可视化等方面工作,这些都为科学发掘出隐藏在大数据背后的实质性内容提供了保证。和耶鲁相比,我国的公众认知调查工作刚刚起步,在数据积累上还欠火候,在数据挖掘和分析上还需要能力建设。只有将这些发现的问题解决掉,我国的气候传播研究才能实现长远的可持续发展。

在国内层面,虽然国家已经高度重视气候变化问题,但对气候传播国家战略层面的研究工作却重视不够。首先,国家层面的气候传播战略研究在应对气候变化的过程中发挥着"提速器"的作用。从国际气候治理规范传播的角度研究谈判策略,可以帮助政府更主动地应对瞬息万变的谈判局势;清楚了解多元气候传播者的定位和作用,可以使政府的工作事半功倍;通过公众认知度调查积累数据和信息,可以使决策的制定更加科学有效。④ 正因如此,国家需要尽快启动气候传播

---

① 苏伟,《气候变化国际谈判脱轨难行》,《人民日报》,2010年1月5日。
② 2008年7月,胡锦涛在经济大国能源安全和气候变化会议上的讲话。
③ 温泉:《中国首份气候变化的"公众答卷"》,《瞭望》,2012年12月3日。
④ 王彬彬、吕美,《气候传播,应对气候变化的"提速器"》,《世界环境》,2013年第1期。

国家战略研究,加强气候传播的"顶层设计"。其次,结合我国公众认知调查的情况看,越来越多的中国公众认识并感知到中国已经受到气候变化的严重影响,但是对于具体问题的认知还不够,比如对气候变化影响粮食安全的认知度就比较低。今年的"全国低碳日"前夕,中国气候传播项目中心专门针对城市公众开展了一次低碳意识调查,并在对数据进行专业分析的基础上整理发布了《四类低碳人:中国城市公众低碳意识及行为调查报告》。[①] 报告显示,中国城市公众对低碳概念和相关知识的认知仍非常有限,这进一步说明,中国公众在应对气候变化的具体认知上还有大幅提升空间。最后,气候变化涉及政治、经济、环境、发展、法律等多个领域,这也要求从事气候传播研究的学者要提升对系统知识的把握,从目前的研究现状看,我国气候传播研究工作虽取得一定成绩,但在公众认知的定量分析、心理学分析和公众应对气候变化的参与式传播研究等方面还需要再下功夫。

综上所述,气候传播作为一个新的研究方向出现,以应对气候变化为根本目标,是符合时代发展要求的。近几年来,我国气候传播研究工作取得了不错的成绩,也面临着新的机遇和挑战。为了更好地迎接挑战,我国气候传播研究在下一步的工作中应注意"两头并进、双向使力",需要集合各相关学科的智慧和力量,需要得到大家的爱护、培育和支持。衷心希望越来越多的学者能够加入气候传播的研究队伍里来,从不同学科视角丰富我国气候传播研究工作,推动这方面工作取得更多丰硕成果,为进一步普及气候变化知识、完善国际气候治理规范、应对全球气候变化做出贡献。

---

① 《机构调查民众低碳意识区分四类"低碳族"》,中新社,2013 年 6 月 22 日。

全球气候治理变局分析及中国气候传播应对策略

王彬彬①

摘 要:当前的全球气候治理变局呈现出领导力过渡和模式转型的"双过渡"特点。在这个特殊阶段,加强气候传播有三个层面的重要性:短期来看,可以给中国保持战略定力留出空间,坚定国际社会和国内各界应对气候变化的信心,保证全球气候治理领导力的过渡交接;中期来看,有助于完成全球治理从"自上而下"到"自下而上"模式转型的平稳过渡;长期来看,可以帮助中国将参与全球气候治理的经验应用到联合国可持续发展目标的实现中。与三个层面的重要性相对应,中国气候传播可以设计应对策略,为稳定全球气候治理格局、履行《巴黎协定》、实现联合国可持续发展目标做出贡献。

关键词:全球气候治理 气候领导力 模式转型 气候传播

气候变化是全人类面临的共同挑战,其科学性和严峻性得到国际社会广泛共识。经过几十年的共同努力,全球气候治理体系构建工作基本完成②,中国在此过程中发挥了重要的建设性作用,掌握了一定的全球气候治理话语权,并开始分享规则制定权,这种成效在中国参与全球治理历史上是第一次。可以说,坚持应对气候变化是大势所趋,也是中国发挥国际影响力、树立负责任的大国形象的重要抓手。然而,过去一年多出现的英国脱欧、美国总统换届等"黑天鹅"事件给全球气候治理,甚至是全球治理蒙上了阴影。提升公众认知、调动公众参与应对气候

---

① 王彬彬,北京大学国际关系学院博士后,中国人民大学新闻学院气候传播方向博士,中国气候传播项目中心联合发起人、联合国气候变化南南合作伙伴关系特别顾问。

② 张晓华,祁悦,《"后巴黎"全球气候治理形势展望与中国的角色》,《中国能源》,2016 年第7 期,6 – 10.

变化是气候传播的使命。在全球气候治理变局的大背景下,加强气候传播的重要性体现在哪里? 哪些有针对性的应对策略能够帮助全球气候治理大局转危为机,保证《巴黎协定》的落实及联合国可持续发展目标的实现?

一、全球气候治理变局的"双过渡"

从 20 世纪 70 年代到今天,全球气候治理经历 40 多年的波折发展,形成了包括《联合国气候变化公约》《京都议定书》《巴黎协定》在内的多项重要阶段性成果。其中,《联合国气候公约》和《京都议定书》奠定了全球气候治理体系的基本框架,而《巴黎协定》则标志着国际合作应对气候变化进入全新阶段。

2015 年 12 月 13 日,196 个缔约方达成《巴黎协定》,就 2020 年后全球共同应对气候变化做出机制安排。2016 年 4 月 22 日,《巴黎协定》高级别签署仪式在纽约联合国总部召开,175 个国家的领导人签署该协定,创下了国际协定开放首日签署国家数量最多的纪录。[①] 10 月 5 日,《巴黎协定》达到了两个生效条件,即"55 个缔约国加入协定,且涵盖全球 55% 以上的温室气体排放量",11 月 4 日《巴黎协定》正式生效。截至 11 月 15 日,109 个国家批准了《巴黎协定》,这些国家的温室气体排放量超过全球总排放量的 75%。[②]

联合国气候大会组委会发布庆祝《巴黎协定》生效公报充分肯定了《巴黎协定》的历史贡献,认为:《巴黎协定》是迄今最复杂、最敏感也是最全面气候谈判的结果,它在如此短的时间里得以生效体现了世界各国面对气候变化采取全球行动的坚定决心,是人类在战胜气候变化威胁上的一个历史转折。[③]《巴黎协定》成为全球气候治理,甚至是全球治理历史上的里程碑事件,其落实成为世界各国共同努力的方向。

但是,国际政治格局在《巴黎协定》生效后迅速发生重大调整,全球气候治理的领导力出现被动过渡。此外,还有一个容易被忽略或弱化的影响因素,即全球气候治理模式本身转型过渡也面临着阵痛风险。"双过渡"成为全球气候治理现阶段的主要特点,也使在《巴黎协定》刚构建完成的全球治理新模式出现变局。

---

① 高云,《巴黎气候变化大会后中国的气候变化应对形势》,《气候变化研究进展》,2016 年 12 期,1 – 8.

② 《马拉喀什气候大会闭幕 落实〈巴黎协定〉机遇与挑战并存》,《中国环境报》,2016 年 11 月 23 日,http://www.china5e.com/news/news – 969024 – 1. html.

③ 《联合国发布公报庆祝〈巴黎协定〉生效》,新华社,2016 年 11 月 4 日.

（一）显性变量:全球气候治理领导力过渡

全球治理有两个基本特征,其一是国际关系根本上仍是一种权势关系,其二是主权国家仍是国际社会最重要、最基本的行为体。① 回顾全球气候治理模式更迭的过程中,领导力是非常关键的问题。

《京都议定书》时代,美国和中国都不情愿担当全球气候治理的领导者(如果领导意味着带头采取实质性减排措施的话)。② 尤其是作为当时最大排放国和最大经济体的美国的退出,使自上而下的强制性治理模式效率低下。美国总统奥巴马上台后,将气候变化作为其施政的重要议题,而此时中国领导人也意识到"统筹国内国际两个大局"的重要性,意识到在双层博弈背景下应对气候变化对中国自身发展的重要性。中美两国在全球气候治理议题上第一次快速走到一起。中美是世界上两个最大的经济体和最大的排放国,其态度决定了全球气候治理的力度和走向。2014 年 11 月、2015 年 9 月和 2016 年 3 月,中美两国领导人先后发布三次气候变化联合声明,2016 年 9 月 4 日,中美在二十国集团峰会前又率先宣布批准《巴黎协定》,将参加《巴黎协定》的国家的排放量占全球排放份额提高到近40%,为了推动达成有历史意义的《巴黎协定》及其最终生效发挥了关键作用。可以说,联合国巴黎气候大会前后,中美两个大国众望所归携手肩负起了全球气候治理领导力,辅助这种领导力,并最终推动全球气候治理体系转型为中美两个大国协调下的多边治理和多元利益相关方广泛参与的新模式。

然而,就在《巴黎协定》生效后的第五天,特朗普赢得美国大选成为美国第45任总统。特朗普在竞选时曾有否定气候变化的言论,认为气候变暖是"阴谋",不相信气候变化与人类活动有关,并承诺当选后让美国退出《巴黎协定》。这样一位气候变化否定论者当选美国总统,给全球气候治理蒙上了阴影。而特朗普"美国第一"的竞选口号更透露出美国要亲手打破自己制造的全球化格局,给全球治理和各方面的国际合作带来巨大冲击。

美国总统的更迭也反映出《巴黎协定》所构建的全球气候变化治理体系存在政治不确定性,其有效性很大程度上取决于各国领导人的政治意愿。③ 中美两国

① 石晨霞,《全球治理模式转化的理论分析——以全球气候变化治理为例》,《国际关系研究》,2016 年第 2 期,127－139.

② 李慧明,《秩序转型——霸权式微与全球气候政治治理制度碎片化与领导缺失的根源》,《南京政治学院学报》,2014 年第 6 期,56－65.

③ 黄永富,《全球气候变化治理体系有何最新成果》,《人民论坛》,2016 年 4 月下,80－81.

携手打造的领导力结构面临破裂威胁，如果美国缺位全球气候治理，无疑会影响《巴黎协定》目标的实现速度，而以美国在世界格局中的影响力，其采取消极政策又可能影响其他国家的政策选择。

如果美国撤出，中国领导人是否仍有意愿独自或寻找新的同盟扛起"气候领导力"的大旗是特朗普竞选成功后国际社会最关心的焦点问题之一。2017年1月17日，中国国家主席习近平参加瑞士达沃斯峰会，这是中国国家领导人第一次参加世界经济论坛。习近平主席在主旨发言中明确表示："要坚持多边主义，维护多边体制权威性和有效性。要践行承诺、遵守规则，不能按照自己的意愿取舍或选择。《巴黎协定》符合全球发展大方向，成果来之不易，应该共同坚守，不能轻言放弃。"①这是中国领导人对于国际社会关心的包括气候变化在内的全球治理和国际秩序难题的高调回应，是稳定国际秩序的关键一步，得到了国际社会的热烈反响。

但是，国际秩序建构和全球治理问题纷纭复杂，除了表达意愿，更应该用实际行动履行承诺，才能真正确立公信力和领导力。在行动层面，中国能否承担起被美国留下的难题并提供体系层面的解决方案②，有待时间验证。具体到全球气候治理领导力的落实方面，经过过去几年的积累，中国在全球气候治理中发挥领导力形成了两个主要抓手，一是《联合国气候变化框架公约》下的联合国气候谈判，二是气候变化南南合作。随着《巴黎协定》的签署，全球气候治理确定新模式，接下来的联合国气候谈判将进入技术讨论层面，强调的是各国提交的国家自主贡献目标的落实上。中国要做的就是对照已经提交的自主贡献目标逐一落实。中国政府负责气候变化工作的职能部门设置在国家发展与改革委员会。中国国家发展与改革委员会的传统职能和强项是国内宏观政策制定和落实，加上近年来各部委在应对气候变化工作上达成的普遍共识，可以说这是落实自主贡献目标的有力保证。

相比而言，气候变化南南合作接下来将面临攻坚战。近年来中国将气候变化南南合作提高到了国家外交战略层面。2014年9月，张高丽副总理在联合国气候峰会上宣布中国提供600万美元支持联合国秘书长推动应对气候变化的南南合

①《习近平主席在世界经济论坛2017年年会开幕式上的主旨演讲（全文）》，新华社，2017年1月18日.

② Giovanni Arrighi and Beverly J. Silver. Capitalism and World（dis）Order. Review of International Studies, Vol. 27, No. 5, 2001.

作。2015 年 9 月,中国宣布出资 200 亿元人民币(合 31 亿美元)建立气候变化南南合作基金,2015 年 11 月 30 日,习近平主席在联合国巴黎大会开幕式讲话中进一步明确了基金的用途,即"于 2016 年启动在发展中国家开展 10 个低碳示范区、100 个减缓和适应气候变化项目及 1000 个应对气候变化培训名额的合作项目,继续推进清洁能源、防灾减灾、生态保护、气候适应型农业、低碳智慧型城市建设等领域的国际合作,并帮助他们提高融资能力"。① 2016 年 4 月 21 日《巴黎协定》签署前一天,中国政府提供种子基金支持时任联合国秘书长潘基文发起"气候变化南南合作伙伴关系孵化器"倡议。2016 年 11 月 14 日,由该孵化器协调,联合国秘书长办公厅、中国国家发改委、摩洛哥环境部联合组织的"气候变化南南合作高级别论坛"在联合国马拉喀什气候大会现场召开,进一步展示了中国政府对气候变化南南合作的重视。正是有了这些前期工作,国际社会对中国气候变化南南合作基金有了较高期待。在基金落实的攻坚阶段,既要突破基金本身的一些运作难题,更要考虑中国应对气候变化南南合作的顶层设计,明确目标,完善管理体系,建立长效评估机制,这些对于有效发挥中国应对气候变化的资金和技术优势,赢得与广大发展中国家共同实现可持续发展的道义和舆论支持都具有十分重要的作用。②

　　后《巴黎协定》时代,哪些主权行为体的领导人有意愿与中国携手发挥全球气候领导力也是全球气候治理下一步的关键。在全球气候治理进程中表现出领导力潜力的是欧盟和英国。根据截至 2008 年的一次调查,欧盟一直被公认为是全球气候谈判中"很大程度上言行一致,并且可信赖的领导者"③,尤其是 2001 年美国退出《京都议定书》后,欧盟的坚持对于《京都议定书》的生效至关重要。④ 但是自 2008 年之后欧盟气候变化领导力呈现减弱趋势,在 2009 年哥本哈根会议上欧盟沦为旁观者。2016 年 10 月 4 日,欧洲议会通过表决,以压倒性多数同意欧盟批准《巴黎协定》。欧盟克服其内部结构和决策形式的障碍高效批准《巴黎协定》,

① 《习近平主席宣布气候变化南南合作"十百千"项目活动》,国家发展和改革委员会网站,http://qhs. ndrc. gov. cn/qhbhnnhz/201601/t20160128_773392. html.
② 高翔,《中国应对气候变化南南合作进展与展望》,《上海交通大学学报》,2016 年第 1 期,38 - 49.
③ Kilian B. and Elgstram, O. , *Still a Green Leader? The European Union's Role in International Climate Negotiation*, Cooperation and Conflict, 2010, 45(3), 255 - 273.
④ 汝醒君、刘峰,《欧盟气候变化领导力研究及对中国的启示》,《国家行政学院学报》,2013 年 3 月, 109 - 113.

意味着批准协定的缔约方的温室气体排放量将占到全球总排放量的 55% 以上,为《巴黎协定》的正式生效扫清了道路,也让国际期待重新回到这个曾经的"气候领跑者"身上。

随着"英国脱欧"进程的发展,英国也进入下一轮气候领导者序列。英国一直是世界上积极应对气候变化问题的先行者。早在 2008 年,英国就已经正式通过了《气候变化法案》,成为全球第一个将温室气体减排目标写进法律的国家。同时,还建立了低碳发展的政策支撑体系,鼓励可再生能源投资,加大税收调节力度,实施排放限额交易制度,制定了鼓励公众节能减排的政策措施。① 2016 年 9月,英国新首相特蕾莎·梅在联合国的首次演说中承诺,英国脱欧后会继续积极应对全球气候变化问题,同年 11 月 17 日英国正式批准《巴黎协定》,成为第 111个批准该协定的缔约方。在特朗普表态欲放弃美国领导力的背景下,英国的这一举动是对《巴黎协定》的重大支持。英国政府发言人也表示,特朗普当选美国总统,不会改变英国在气候变化问题上的态度。②

在上述行为体之外,作为全球气候治理的重要协调部门,联合国也进行了秘书长换届选举,在任期十年内高调支持气候变化工作的秘书长潘基文也于 2017年年初结束任期,新任秘书长古特雷斯是否仍将应对气候变化置于优先事项还有待观察。所以,总体来看,全球气候治理领导力过渡是现阶段变局中的显性变量。

(二)隐性变量:全球气候治理模式转型过渡中的内在风险

2005 年《京都议定书》生效,以具有法律约束力的方式为发达国家分配了减排目标,开启了"自上而下"的气候治理模式。"自上而下"模式的法律约束力强,伴有较为严格的遵约机制,核算规则统一,且设有严格的测量、汇报、核证规则以确保透明度,但是各方达成行动共识的难度大、进度缓慢,效率低下。

《巴黎协定》是全球应对气候变化进程中重要的里程碑,凝聚了世界各国最广泛的共识。《巴黎协定》最大的亮点是采用了"国家自主决定贡献"机制,允许各国根据各自经济和政治状况自愿做出减排等各方面承诺,这种"自下而上"模式替代了《京都议定书》时代确立的"自上而下"强制模式,各国可以根据自己的国情、能力和发展阶段来决定各自应对气候变化的行动,在"共同"提交国家自主贡献的

① 国家发改委应对气候变化司,《英国应对气候变化的战略与政策》,《中国投资》,2011 年第 6 期,66 - 67.
② 《英国正式批准〈巴黎协定〉》,《光明日报》,2016 年 11 月 19 日.

义务下,"有区别"地做出自己的贡献①,动态发展了《联合国气候变化框架公约》中的"共同但有区别的责任和各自能力原则",极大强调了包容性,最大限度地调动全面参与。巴黎大会召开前,已经有 188 个国家向联合国气候变化框架公约秘书处提交了"国家自主决定贡献"预案,表明了各国应对气候变化的意愿。为了保证目标的实现,《巴黎协定》又引入"以全球盘点为核心,以 5 年为周期"的更新机制,弥补了之前全球气候治理体系在定期更新方面的不足。所以说,《巴黎协定》之所以是一个重要的里程碑不仅仅因为其是重要的阶段性成果,更因为它开启的"自下而上"治理模式,基于各国自主决定的贡献并辅之以五年定期更新和盘点机制来构建新的全球气候治理体系。②

《巴黎协定》标志着全球气候治理实现了从"自上而下"到"自下而上"的模式转型。2020 年将正式进入"自下而上"模式,从 2015 年到 2020 年是转型过渡期。《巴黎协定》提出了新的全球气候治理模式的框架性安排,但并没有给出实现目标的具体要求和机制细节,对于国家自主贡献目标如何衡量、监督和落实,各方没有经验,都要摸着石头过河。而在特朗普当选的强烈外因冲击下,这个模式转型中的内在风险被遮蔽,成为隐性因素。

第一,在国家自主贡献目标落实上存在不确定性。考虑到未来国际和国内政治经济发展形势,大多数经过严格国内程序制定目标的国家是否能按时完成量化的减排量仍有不同程度的不确定性。另有一些能力有限的发展中国家是用国际机构提供的资金雇佣的国外咨询机构帮助其制定目标,在目标制定之初就缺少拥有感。③ 还有一些发展中国家的目标中提到其贡献的落实需要相应的资金和技术支持,资金和技术是国际气候谈判一直以来的难点,可以预见这些国家在落实其目标时也将遇到巨大挑战。另外,在没有统一标准的情况下,各国提交的自主贡献目标在内容上差异性较大,如何结合紧张的时间表保证自主贡献目标的落实是个问题,更何况根据联合国环境规划署的报告,各方所贡献的减排量距实现 21 世纪末升温幅度控制在 2 摄氏度以下的目标仍有差距。④

第二,在约束机制方面,《巴黎协定》强调"道德约束",依赖国际监督和评估

① 李慧明,《〈巴黎协定〉与全球气候治理体系的转型》,《国际展望》,2016 年第 2 期,1－20.
② 庄贵阳、周伟铎,《全球气候治理模式转变及中国的贡献》,《当代世界》,2016 年第 1 期,44－47.
③ 陈济、李俊峰,《落实〈巴黎协定〉任重而道远》,《环境经济》,2016 年第 9 期,48－49.
④ 《联合国:"国家自主贡献"距排放目标有差距》,新华网,2015 年 11 月 6 日.

机构,这种约束机制属于内部约束,治理主体的行为多是主动的、自觉的、自愿的。① 虽然《巴黎协定》也提出了"全球盘点"的思路,但具体到操作方法,尤其是有效性上还有待进一步讨论。《京都议定书》确定的"自上而下"的强制性治理模式之所以不成功,是因为希望达成强制性要求,遭到发达国家反弹。现在的"自下而上"模式吸取了之前的教训,强调主动和自愿以保证最大范围的参与,但同样可能遭到推诿、拖延,滑到另一个松散的极端,从而导致治理模式转型的失败。所以模式转型过渡期的机制探索和细节落实非常重要。如何在两种模式之间寻求平衡,从而有效实践全球治理,是摆在国际社会面前的一个核心而关键的问题。②

二、全球气候治理变局中加强中国气候传播的重要性

"气候传播",是将气候变化信息及其相关科学知识为社会与公众所理解和掌握,并通过公众态度和行为的改变,以寻求气候变化问题解决为目标的社会传播活动。简言之,气候传播是一种有关气候变化信息与知识的社会传播活动,它以寻求气候变化问题的解决为行动目标。③ 在全球气候治理处在变局中时,通过有策略地引导国际和国内公众舆论,可以最大范围凝聚共识,为中国做出有利于国际合作和国家发展的政策决定和行动计划争取有利空间,争取变局中的主动性。

(一)短期看,加强气候传播可以帮助各方坚定信念,保持战略定力,有助于气候领导力的顺利过渡

现阶段的气候领导力过渡的主要表现是中美联手的气候领导力面临破裂,美国新任政府在气候变化政策上表现消极;中国领导人表现出坚持多边国际合作、坚持巩固气候领导力的强烈意愿,赢得了国际社会的普遍赞誉,与此同时,欧盟和英国等领导人也表现出积极争取气候领导力的意愿。应对气候变化是中国在全球治理范围内第一次在相对短的时间内争取到了话语权和领导空间,这些成绩来之不易。现阶段,因为美国在国际秩序中的特殊位置及特朗普表现出的个性鲜明的强悍的宣传攻势,使美国态度成为舆论风向标。中国要在这种情况下巩固气候领导力,在坚定多边主义全球气候治理的战略方向的前提下积极寻找同盟和发声机会,有针对性地稳定舆论,提振国际社会加强全球气候合作的信心,才能争取最

---

① Charles F. Sabel and David G. Victor, Governing Global Problem under Uncertainty: Making Bottom-up Climate Policy Work, Climate Change, October 5 2015, 1 – 13.

② 李慧明:《〈巴黎协定〉与全球气候治理体系的转型》,《国际展望》,2016 年第 2 期,1 – 22.

③ 郑保卫主编,《气候传播理论与实践》,人民日报出版社,2011 年.

大范围的道义支持,顺利实现气候领导力的过渡。

全球绿色低碳循环发展的大趋势不会改变,国际合作应对气候变化的潮流不会逆转。① 各个国家都在积极转变发展方式、调整结构来保护生活环境和应对气候变化,美国新政府的政策无法改变这一历史趋势。② 必须承认,考虑到中美两国的国际影响力和在全球温室气体排放中的份额,中美联手是快速推进全球气候治理的捷径,但是通过客观分析可以看到在全球气候治理历史上,美国对气候治理的消极态度是常态。

全球气候治理并不是第一次遇到美国的此类威胁。美国的气候政策具有明显的两党属性,政策随政府更替表现出不稳定性和非连续性。民主党对于气候变化的态度是积极开放的,保护环境、积极应对气候变化一直是民主党的政策重点之一。克林顿政府时期美国签署了《京都议定书》。相比而言,共和党对气候变化持消极态度,大多数共和党人不相信全球变暖已产生消极影响,甚至否认气候变化的事实。所以小布什政府上台后强力反对强制性减排指标安排,宣布美国退出《京都议定书》,开始依靠自身强大的政治经济影响力而"另起炉灶"。③ 但即便如此,也并未"从根本上动摇京都体制"④,2005 年 2 月《京都议定书》正式生效。2011 年,加拿大也宣布退出《京都议定书》,但全球气候治理并没有因此停步,而是继续踽踽前行,于四年后达成《巴黎协定》,取得又一次阶段性胜利。

而且,即使奥巴马高调支持气候变化,美国国内的政治结构也一直暗藏着应对气候变化的消极力量。美国国会对气候变化一直是反对的声音居多,曾直接导致哥本哈根谈判的失败。奥巴马政府也只能把气候行动作为一种总统行政指令强行通过。巴黎气候大会后美国如何将其自主贡献转化为国内行动,本身就有许多挑战。⑤

---

① 《我委召开联合国气候变化马拉喀什会议中国代表团总结会》,国家发改委网站,http:// qhs. ndrc. gov. cn/gzdt/201612/t20161220_830456. html.

② 王遥,《特朗普能源政策将引连锁反应,或变为石油生产国》,《中国经济周刊》,2017 年第 6 期.

③ 李慧明,《秩序转型、霸权式微与全球气候政治:全球气候治理制度碎片化与领导缺失的根源?》,《南京政治学院学报》,2014 年第 6 期,56 – 65.

④ 李慧明,《〈巴黎协定〉与全球气候治理体系的转型》,《国际展望》,2016 年第 2 期,1 – 22.

⑤ Kristin Meek, C. Forbes Tompkins, David Waskow, and Sam Adams, 6 *Steps the Obama Administration Can Take in* 2016 *to Cement Its Climate Legacy*, World Resource Institute, January 2015, http://www. wri. org/blog/2016/01/6-steps-obama-administration-can-take-2016 – cement-its-climate-legacy.

只有在掌握全面客观信息基础上才能做出理性判断。在变局中,有策略的气候传播可以起到平衡信息的作用,帮助公众对事实做出判断,只有打破对中美联手的路径依赖,才能平稳完成领导力过渡。

(二)中期看,加强气候传播有助于全球治理模式转型的顺利过渡

全球气候治理模式正在经历向社会驱动的自下而上的模式过渡。《巴黎协定》开启的"自下而上"模式是历史性创新,在落实、监督、约束等方面没有现成经验可循,更多依靠道德和舆论约束,有效的气候传播可以加强舆论和道德监督,帮助各缔约方在完善和落实国家自主贡献目标,制定出能够获得国际公认的评价标准,如期兑现承诺,助力实现《巴黎协定》目标。

全球治理在不同议题领域的绩效差异根本上取决于特定议题领域的权势集中度和治理民主化水平的组合,由此产生了科学驱动的自下而上、大国主导的自上而下、集团主导的自上而下、社会驱动的自下而上四种全球治理模式。① 全球气候治理的演进也经历了这四个模式的转换,现阶段,随着新兴经济体国家的发展,国际权势开始从西方发达国家向这些国家扩散或转移,同时,气候问题的复杂性和专业性也给一些专业团体创造了分享权势的机会,参与气候治理的行为体日益多元,非国家行为体开始发挥越来越重要的作用,治理的民主化水平显著提高,从而形成了典型的社会驱动的自下而上的治理模式。社会驱动的最大隐患是缺乏强有力的激励和惩罚机制,各行为体可能从对共同目标的考虑回归到对自身利益的重视。所以,要保证社会驱动的自下而上的治理模式行之有效,就需要各种道德性、舆论性和规范性力量的监督。气候传播可以通过调动媒体监督的功能、调动公众参与,帮助完善对治理模式的监督,实现 2020 年前的顺利过渡。

(三)长期看,加强气候传播有助于全球气候治理经验推广,助力可持续发展目标实现

美国学者奥尔森在《集体行动的逻辑》中解释了集体困境理论的核心,即除非一个集团中人数很少,或者存在强制或其他特殊手段以使个人按照他们的共同利益行事,否则有理性的、寻求自我利益的个人不会采取行动以实现他们共同的或集团的利益。② 气候变化是典型的全球公共产品,涉及社会经济发展的各个领域,

---

① 石晨霞,《全球治理模式转化的理论分析——以全球气候变化治理为例》,《国际关系研究》,2016 年第 2 期,127 – 139.

② Mancur Olson, Logic of Collective Action: Public Goods and the Theory of Groups, Cambridge Press, 1965.

《巴黎协定》是全球气候治理在国际社会的共同努力下取得的重要进展,成功克服了集体困境。虽然面临暂时性变局,长期来看,其经验和教训都值得推广到其他全球治理的领域去验证和创新。

全球气候治理与联合国2030年可持续发展目标的实现有协同性。2015年9月,联合国可持续发展峰会通过了193个会员国共同达成的《变革我们的世界——2030年可持续发展议程》,兼顾了可持续发展的经济、社会和环境三个方面的17个可持续发展目标和169个具体目标成为全球未来15年共同努力的方向。其中,应对气候变化是17个可持续发展目标之一。因为气候影响广泛深入,应对气候变化又与其他16项目标产生系统性联系,彼此之间不可分割。在可持续发展的框架下应对气候变化不但有助于解决很多发展中国家特别关切的消除贫困、粮食安全等问题,也是系统解决全球可持续发展困境的有效方法。《巴黎协定》和2030年可持续发展议程都关系着人类社会的长远发展,加强两者在落实过程中的协同有助于推动应对气候变化和可持续发展的主流化,进而对人类发展的路径和方向产生更深远的影响。①

从权势集中度低和治理民主化水平高两个特点来看,全球气候治理和联合国2030年可持续发展目标都是社会驱动的自下而上治理模式的典型案例。而在联合国2030年可持续发展目标中,传统援助大国的不积极态度和与之形成鲜明对比的新兴发展国家的积极参与,更使其自下而上的特征更为明显。②

可见,全球气候治理经验可以贡献于可持续发展目标的实现。从实现方式来看,全球气候治理和联合国2030年可持续发展目标都强调人类共同认知基础上的广泛参与,这是加强气候传播的关键。

三、中国气候传播应对策略

全球气候治理变局背景下,针对短、中、长期三个阶段加强气候传播的重要性,中国气候传播可以设计对应的策略如下。

首先,统筹国际国内两个舆论场,坚定国际国内应对气候变化的决心和国际气候合作信念,凝聚共识,巩固既有的气候领导力。

---

① 张晓华、祁悦,《"后巴黎"全球气候治理形势展望与中国的角色》,《中国能源》,2016年第7期,6-10.

② 石晨霞,《全球治理模式转化的理论分析——以全球气候变化治理为例》,《国际关系研究》,2016年第2期,127-139.

面向国际受众,可以通过多种渠道,采取多种形式积极传递中国在变局中坚定应对气候变化的信息,让国际社会看到中国的努力,包括中国落实国家自主贡献目标的进度、阶段性成绩,中国公众对应对气候变化的支持和参与等。2012 年,中国气候传播项目中心在全国范围内开展过一次公众气候变化认知度调查,结果显示,78%的公众对气候变化的未来影响表示担忧,93%的受访者认为气候变化正在发生。① 同时,超过 93%的受访者支持中国政府应对气候变化。这一调查结果于当年年底在联合国多哈气候谈判现场发布,得到国际社会的广泛关注。联合国气候变化框架公约秘书处执行秘书长直接引用报告里的数据肯定中国的努力。在全球气候治理变局中,可以开展第二次公众认知度调查收集最新的数据,与第一次调研数据进行对比研究,比如,第一次调研了解到公众对气候变化有一定认知度,但对气候变化影响粮食安全、健康卫生等具体问题的认知度较低,也了解到虽然普遍支持政府应对气候变化,但也侧面反映出对公众自身参与重要性的认知不足。那么,时隔五年,公众对气候影响是否有了进一步认识? 公众对自己参与应对气候变化重要性的认识是否有改变? 这些问题都可以反映出中国应对气候变化工作的落实进度。定量分析是国际社会普遍认同的研究方法之一,通过提供这些调研数据,可以让国际社会感受到中国的努力,巩固中国的气候领导力。

面向国内受众,应该及时传递国际社会在气候变化领域的积极行动,让国内公众感受到来自其他国家的行动决心,从而支持中国政府承担更多气候领导力。比如,耶鲁大学气候传播项目十多年来一直坚持开展美国公众气候认知度调查,就在特朗普竞选成功后的一个月,该项目进行的民调显示,70%的美国公众支持限制煤电、火电厂建设,69%的美国公众支持美国政府履行《巴黎协定》。② 这些信息如果能够及时被中国媒体报道,对于稳定民心有积极作用。又如,气候资金问题一直是国际气候谈判的难点,发达国家不愿为发展中国家提供实质性的资金支持,《巴黎协定》确认,2020 年后发达国家向发展中国家每年至少动员 1000 亿美元的资金支持,2025 年前将确定新的数额,并持续增加。根据经济合作和发展组织(OECD)的报告,发达国家对发展中国家应对气候变化的来自公共资金的支持

---

① 《中国公众气候变化与气候传播认知状况调研报告》,中国气候传播项目中心,2012 年 11 月 1 日发布。

② Anthony Leiserowitz, Edward Maibach, etc., *Climate Change in the American Mind*: *November* 2016, *Yale Program on Climate Change Communication*, http://climatecommunication. yale. edu/publica-tions/climate-change-in-the-american-mind-november-2016/3/.

在 2013 年是 379 亿美元,2014 年是 435 亿美元,而且 OECD 对 2020 年的公共资金支持做出了预测,预计是 670 亿美元。国际社会对 OECD 报告中的资金数额存在巨大的争议,其统计口径受到很多国家的质疑。即使不考虑对这些公共资金的构成存在的争议,这些数据还远不能满足《巴黎协定》1000 亿美元的资金下限。全球在气候资金方面的缺口巨大。因为信息来源单一,"气候资金不足"在国内媒体多有报道,增加了公众对全球气候治理前途的不安。被国内媒体忽略的是,国际社会并没有因为发达国家在气候资金问题上的迟缓而停步,大量资金流向气候领域。根据气候债券组织的统计,2016 年 12 月国际气候融资活跃,12 月 12 日,澳大利亚 Monash 大学发行全球第一只大学气候债券,12 月 14 日,巴西新经济论坛召开,力推可持续能源基金(SEF),资金池 1.44 亿美元,引导私营部门开展绿色投资,推动巴西国内绿色债券市场增长。12 月 15 日,煤炭大国波兰发行 7 亿欧元的国家气候主题绿色债券。① 媒体应该主动获取并报道这些信息,不但可以提振国内信心,还可以给气候融资提供新思路。

其次,与国际媒体、非政府组织结成议题联盟,加强对各国国家自主贡献目标落实的监督,充分发挥社会驱动力。

社会驱动的自下而上模式缺少强制性标准,需要通过道德性、舆论性和规范性力量来监督落实,这是实现《巴黎协定》目标的新挑战。国际社会逐渐意识到这个问题,跨行为体的结盟开始出现。2015 年年底的联合国马拉喀什气候大会上,德国政府和摩洛哥政府共同发起"国家自主决定贡献目标伙伴关系"倡议,由世界资源研究所执行,为各国落实国家自主贡献提供信息、知识、技术和资金支持。② 这种合作得到国际社会的肯定,也启发更多伙伴关系和议题联盟的出现,发挥舆论监督的作用。

气候传播策略研究的一个重要方向就是多元利益相关方的角色和影响力分析,既往研究发现,推动有关可持续发展议题的发展与落实是非政府组织的天然使命。③ 在公众对气候变化知之甚少的时候,正是社会组织通过各种倡导行动启蒙公众,使其意识到气候变化的危害,并积极行动从自身做起对抗气候变化。在全球气候治理中,非政府组织具有监督的使命,非政府组织参加国际气候谈判的

---

① 数据来自气候债券组织官网,http://www.climatebonds.net/2016/12/poland-wins-race-issue-first-green-sovereign-bond-new-era-polish-climate-policy.

② 国家自主决定贡献目标伙伴关系网站,www.ndcpartnership.org.

③ 王小民:《非政府组织与可持续发展》,《理论月刊》,2008 年第 10 期.

角色定位就是第三方监督,保证发达国家和发展中国家的力量平衡,过程中也积累了一定的专业能力。"自下而上"的治理模式给非政府组织提供了新的空间,非政府组织会更主动地与媒体、政府结盟,制定标准,完善机制,履行监督职责。

中国的国家自主贡献兼顾了减缓和适应,还明确提出从当前到 2020 年、2030 年及以后的行动路线图,为目标的落实提供了详细的实施路径,被誉为"国家自主贡献目标范本"。在有这个战略自信的基础上,中国可以欢迎国际媒体和非政府组织的监督,在国家自主贡献目标落实中树立榜样,一方面助力气候治理模式转型,同时也可以为中国的气候领导力加分。

最后,主动总结,深化议题,拓展气候传播广度和深度。

在理解应对气候变化与联合国可持续发展目标之间的协同性基础上,主动总结气候治理和气候传播的经验,挖掘气候变化与可持续发展之间的深层次关系,并用受众能理解的话语进行框架,实现协同传播效果,从而拓展气候传播的广度和深度。

深化议题的前提是对现有议题的充分理解。全球气候治理变局下的气候传播应该把握两个原则。首先,坚持共同但有区别的责任原则。共同但有区别的责任原则是《联合国气候变化框架公约》规定的基本原则,是国际气候治理机制的重要构成要素,也是一直以来以中国为代表的发展中国家坚守的底线。《巴黎协定》在适用该原则时加入了动态因素[①],有观点认为《巴黎协定》强调了共同性,但弱化了区别。媒体在传播相关议题时要注意度的把握,强化发达国家的历史责任。其次,虽然美国总统特朗普对于气候变化持否定态度,但考虑到美国在国际秩序和全球气候治理中的重要性,气候传播应该从长计议,在话语选择上为美国回归留出战略回旋余地,也为中国争取主动灵活的战略空间。

拓展气候传播的广度和深度,不能单纯依靠媒体,而应依托或主动建立利益相关方伙伴关系队伍,尤其要重视企业的力量。气候传播的主体包括政府、媒体、非政府组织、企业和公众,其中,企业是节能减排的生力军,而且,因为与公众有直接的经济往来,如果企业管理者在战略层面真正重视气候变化问题,还能在气候传播中发挥特殊的作用,达到多方共赢的效果。[②] 联合国马拉喀什大会期间,来自

---

① 薄燕,《〈巴黎协定〉坚持的"共区原则"与国际气候治理机制的变迁》,《气候变化研究进展》,2016,12(3):243 - 250.

② 王彬彬,《基于双层博弈框架的中国气候传播策略研究》,博士论文,2015 年 12 月.

中国的女企业家何巧女宣布拿出 1 亿元人民币建立气候变化专项基金,这是《巴黎协定》生效后第一笔来自民间的资助,又因为抓住了联合国气候大会的发布时机,不但宣传了企业品牌,更成为特朗普竞选成功后国际社会坚持气候治理的强心针。

总之,全球气候治理变局下加强中国气候传播具有特殊的意义,部署好有针对性的应对策略,才能在变局中以不变应万变,赢得战略主动。

气候传播与公众参与的国际经验

张志强   徐庭娅①

摘　要:积极应对气候变化离不开公众积极参与,世界各国政府在应对气候变化的过程中,都把公众参与作为本国应对气候变化的重要内容之一,通过制定国家战略和具体的行动计划,将公众作为应对气候变化的主体之一,纳入国家应对气候变化行动中,并在这一过程中,提升了公众参与的意识,加强了社会各界参与气候变化,实现低碳发展的能力。

关键词:气候传播　公众　战略　低碳

气候传播,作为提升公众意识、应对气候变化的重要内容之一,随着气候变化问题的日益严峻受到世界各国的广泛关注和重视。1992 年签署的《联合国应对气候变化框架公约》第六条明确指出:"各缔约方应在国家一级并酌情在次区域和区域一级,根据国家法律和规定,在各自的能力范围内,拟订和实施有关气候变化及其影响的教育及提高公众意识的计划;保障公众获取有关气候变化及其影响的信息;公众参与应对气候变化及其影响和拟订适当的对策;培训科学、技术和管理人员。……并在国际层面,编写和交换有关气候变化及其影响的教育及提高公众意识的材料。"这一条款可被视为指导各国开展气候传播最早的政策性文件。

世界最早开始气候传播实践与研究的是欧美等一些西方国家。其公民社会的充分发展以及公众参与制度的相对完善,成为气候传播产生和发展的思想和制度基础。近 10 年来,随着气候变化问题的日益严峻,气候传播作为普及气候变化

---

①　张志强,副研究员,国家应对气候变化战略研究和国际合作中心;徐庭娅,经济学博士,国家应对气候变化战略研究和国际合作中心。

科学知识,提升公众意识,改变公众态度和行为以应对气候变化问题的重要方式,越来越受到国际机构和世界各国的重视。

一、美国

美国是世界上最大的经济体,也是世界第二大温室气体排放国,人均二氧化碳排放量4倍于世界平均水平。美国政府因气候变化问题具有科学的不确定性,拒绝签署《京都议定书》,其国内的气候变化治理基本上是"自下而上",因此其气候传播模式也是如此。研究气候变化的科学家、科研机构是美国气候传播最早的推动者。美国气候传播的主要目的,是要让美国公众了解气候变化的严重性及可能对生活带来的影响,并倡导公众采取积极行动来应对气候变化,热爱环境,保护地球。

在国家层面,美国并没有制定专门的气候传播战略和指导政策,在一些应对气候变化的政策文件中也没有涉及,但其州、市、县等各级地方政府在治理气候变化方面非常重视通过气候传播来促进公众参与,联合学术界对气候传播战略、策略和技巧进行了专门的研究,并制定了一些地方性气候传播战略和公众推广方案(outreach and communications)。

由于美国特有的这种"自下而上"的传播模式,美国的气候传播主体呈现出多元化特征,既包括科学界、媒体、社会组织、教育界、政治家、各级政府,也包括宗教界人士、商界人士和普通公众。媒体既是传播的主体之一,也是重要的传播介质。

美国的气候传播手段也呈现出"大传播"的特征,不仅限于狭义的通过电视、广播、网络、电影、纸质新闻媒体等大众传播渠道对气候变化信息进行报道,还包括举办大型推广和传播活动、公众辩论、教育培训、信息咨询和公众参与决策等多种方式,以提升公众应对气候变化的意识,帮助公众树立节能、低碳、绿色的消费和生活理念,实现节能减排的目标。

综合来看,美国的气候传播主要呈现出以下特点:

(一)重视传播内容的贴近性,在科学和公众之间搭建桥梁

美国气候传播重视传播的贴近性,在科学和公众之间搭建桥梁。气候传播同样是一个气候信息编码和解码的过程,不同的是,在气候传播过程中,气候信息是经过媒介和受众的二次解码。媒介首先将专业性的气候信息进行大众化解码,编制成普通受众可以理解接受的信息,气候信息到达受众后,再进行受众自我个性化的解码过程,整个气候传播过程才能实现。从众多气候传播实践来看,美国媒

体在传播过程中,会有意识地将气候变化及其影响与公众日常生活、已有认知或个人体验关联起来,"帮助科学家讲述气候变化故事",使得传播内容更有亲近感、更容易为公众所接受。美国著名气候传播机构——耶鲁大学气候传播中心网站的口号就是"搭建科学家、记者和公众之间的桥梁"。

(二)重视对公众认知的调查

公众是气候传播的起点,也是效果反馈者。美国气候传播非常注重对公众气候变化意识的抽样调查,对传播效果的追踪分析,为制定有针对性的气候变化策略提供真实可靠的实证分析支撑。例如,耶鲁大学气候传播项目和乔治梅森大学气候传播中心在美国进行了将近10年的公众气候变化认知调查,并发布了著名的"美国人对全球变暖的六种态度"报告,即基于调查将美国人对全球变暖的认知分成六大类:震惊、关心、谨慎、无所谓、怀疑和轻视。2012—2013年,耶鲁大学气候传播项目陆续开展了对加利福尼亚、科罗拉多、俄亥俄、得克萨斯等州民的气候变化意识调查。研究结果表明,不同州的公众对气候变化的科学性、成因、影响等具有不同的看法。在有些报告中,会把年轻人、妇女和少数民族单独进行区分,将其归纳为易受影响的人群。这些受众认识调查结果成为各州制定气候传播战略、提升公众意识的重要参考。

(三)重视对媒体自身的专业培训

大众媒介是公众获取有关气候变化信息的主要渠道,而气候传播又具有一定的专业性壁垒。在气候传播过程中,美国十分重视传播者自身专业素养的提高,经常联合高校等有关研究机构举办各种关于气候变化专业知识的培训班、研讨会,以帮助传播者更好地理解气候变化相关知识,进行更好的解码和传播。例如,为了提高气象播报员的专业素质,耶鲁大学气候传播项目会定期邀请全国著名气候学家、地方高校的气象专家和从事气象播报的媒体人员共聚一堂,就相关问题进行交流和研讨,以帮助电视气象人员更好地理解和传播气候变化和天气问题。

(四)重视理论研究和传播实践相结合

重视理论研究和传播实践相结合,相互促进,是美国气候传播的一大特色。美国是气候传播学的发源地之一。随着气候变化问题的日益严峻和气候传播实践的不断发展,美国气候传播研究范围也不断扩展。政府、媒体、社会组织等与学界紧密联合,从公众认知、心理、传播策略、传播技巧等多面开展研究,不断"寻求更好的传播方式"。例如,哥伦比亚大学森林和环境学院会研究如何使用各类不同的方法、语言、修辞、叙事以建构起传播战略和策略进而提升公众的意识和改变行动;耶鲁大学气候传播项目则更加关注气候传播活动的公共话语和公共行动本质等。目前,气候传播在美国已经成为一门融入心理学、社会学、人类学、经济学、历史学、政治学、环境科学和大气科学等多学科的理论与研究方法的交叉学科和新的应用性公共传播研究领域。

（五）充分发挥社会组织的主体作用

在美国气候传播中,社会组织是最早的参与者,也发挥了重要的主体作用。美国社会组织参与气候传播的形式主要有四个:(1)直接合作。具体方式包括研究及研究成果的传递、正式或非正式的政策讨论参与、针对国会议员的游说、政策简报传递等。这是美国主流社会组织推动美国联邦气候政策最主要的、贯穿始终的工作方式。这类合作的一个典型成功案例是加州 2006 年通过的《全球气候变暖解决方案》。这一方案在美国设置了第一个州级温室气体减排目标,即要求加州在 2020 年的温室气体排放量降低到 1990 年的水平。在这一法案的立法过程中,美国环保基金(EDF)、美国自然资源保护委员会(NRDC)等社会组织是法案的直接起草者,并与以州长施瓦辛格为核心的州政府通力合作,最终使法案得以通过。(2)间接合作。这类合作的主要方式包括:推动项目实施、起到示范作用,并给决策者提供成熟的政策选择;进行公众教育和宣传,推动企业和公民的行动,创造政策支持基础;推动州和地方的减排行动,形成地方包围中央之势。这类的成功案例很多:例如 2009 年 10 月,奥巴马签署 1314 号行政令,推动政府机构自身的节能措施。该措施的目标是至 2020 年将政府机构的汽车用气、用油减少 30%,将政府活动的碳排放在 2008 年的水平上降低 28%。这一行动就是由世界资源研究院(WRI)气候与能源小组推动的重要示范项目。(3)直接对抗。主要包括在重要的事件、会议场合,以集体行动、符号政治、媒体倡议等方式向决策者施加压力;向公共部门进行问责,包括法律问责、信息披露等。(4)间接对抗。主要是通过利益相关的第三方向公共政策决策者或企业决策者施加压力。

二、德国

德国是世界环境保护和应对气候变化的先驱,在环保和气候变化方针制度设计上走在世界前列。在德国应对气候变化领域,公众参与具有非常重要的地位及作用,气候传播也在德国受到高度重视。德国将气候传播视为德国适应气候变化战略中对话和参与进程的一个必要组成部分。德国没有制定专门的气候传播战略,相关指导原则和政策表述散见于德国《气候变化适应战略》中。德国在《气候变化适应战略》中明确规定:(1)要提高公众的气候保护意识,不断增强社会各界适应气候变化的敏感性;(2)要构建广泛的适应气候变化决策系统,便于政府机构、企业、社会和私人家庭等各相关社会责任主体能够及时地对气候变化做出反应以及采取相应的行动步骤;(3)要协调与确定各参与方的职责分工,制定并实施相关的适应性措施。从此可以看出,德国气候传播的主要任务,是通过多种方式传播、解读气候变化及成因等科学知识以及国家应对战略、措施,提升公众对气候变化问题的认识和敏感性,进而影响其行为。"以掌握气候变化知识为基础、以预防和适应气候变化影响为导向"的目标取向,贯穿了德国气候传播的全过程。

由于德国是联邦制国家,在联邦层面,气候传播主要由联邦环保部、经济部、交通部、建设部和教育部共同负责。各州及市、县、镇等各级政府都有权按照德国《气候变化适应战略》等相关规定制定自己的气候适应及传播政策。德国各级政府制定气候传播政策的基本原则包括:(1)制定积极的信息和传播政策;(2)保障传播的透明性、真实性;(3)保障政策的公信度和说服力;(4)与不同目标人群保持沟通,并将其合理意见纳入决策框架。(5)制定预防性的危机管理方案,以应对可能出现的公众信任危机。德国的气候传播战略覆盖面非常广,通常包括3个层面:城市—社区—街道。

与英美等其他国家不同,德国气候传播机制呈现出由科学界、政府和媒体三大主体平行推动的特点。其信息发出者,即传播者主要包括科学界、政府、媒体、非政府组织和企业等利益相关者,在德国,媒体在气候传播中具有双重身份,既是传播的重要主体,也是重要的传播媒介。同时,德国公众的自传播渠道也非常畅通和发达。

德国通常采用的气候传播手段主要包括:

信息传播:通过电影、新闻媒体、广播、电视、网络等大众传播渠道进行的应对气候变化信息传播;通过传单、小册子、信息本等印刷品资料进行信息传播;

大型活动:包括开展主题宣传活动、行动日、信息亭、展览、参与行动计划等方式;

教育和研讨活动:包括国会辩论、研讨会、讲座和报告等;

咨询服务:通过多种方式为公众开展健康、节能建筑、低碳企业、交通和农业等领域的信息咨询服务。

德国气候传播通常采用的媒体手段见表1。

表1　德国气候传播的媒体手段

互联网	主页、新闻、互动活动
印刷媒体	宣传册、报纸、专业期刊、平面广告
人际传播	会议、活动、讲座、座谈会等
电视	国家公立电视台、地方台

综合来看,德国气候传播可供借鉴的经验包括:

(一)重视和保障公众对气候变化问题的知情权

德国气候传播的重要特点之一,是高度重视和保障公众对气候变化问题的知情权。德国各界认为,社会接受和共识对德国应对气候变化具有重要意义。只有气候变化相关信息为人们和企业充分理解和接受,才能有共同的行动基础。主要措施包括:(1)联邦政府每年要公布一次联邦德国应对气候变化的状况,以使各级政府、企业和公民对本国的气候状况有一个全面的了解。(2)联邦环境部、交通部等相关职能部门在网上建立了应对气候变化数据、政策信息公开网页和公众交流信箱,定期发布和更新数据。(3)广泛通过电视、广播、网络等新旧媒体,通过最受德国公众喜闻乐见的方式,比如各种专题、名人访谈等形式加深公众对气候变化科学知识的了解。(4)除了德国政府部门,各研究机构、行业协会和社会组织也非常乐意将自己的相关研究成果公布给公众。例如,为了提高公众对于气候变化的关注,德国著名研究机构亥姆霍兹联合会2010年2月25日宣布,由该联合会地区分支机构绘制的德国气候变化预测图从即日起在互联网上正式对公众开放,任何人都能在图上方便地查到直至2100年德国各地气候变化预测结果。这幅德国气候变化预测图由研究人员依据联合国政府间气候变化专门委员会的气候数据绘制而成,能够预测直至2100年的德国气温、降水量、风力等各种气候数据变化的最高值和最低值,可以动态跟踪反映最新研究数据,便于公众和政治经济界决策者观看分析。

(二)重视不同受众的认知调查和需求分析

在气候传播中,德国非常重视识别不同的受众人群,从性别、收入、教育、居住区域、政治派别、信仰等各角度来分析不同公众的气候变化认知特征,并根据其不同认识状况和需求设置不同的传播议程。例如,在德国适应网所公布的一份关于某小镇的研究报告中,识别出的目标人群包括城市居民、消费者、农民、城市周边地区居民、小镇工人、企业、有迁移倾向的企业、地方领导人群、职员,协会组织等,非常详细。不同的传播目标人群有不同的需求和愿望,在制定传播战略过程中要充分重视。而且德国还经常通过互联网这个经济便捷的传播工具来传播信息,并通过 e-Mail 等和不同的目标人群进行定期对话和交流,建立互信关系。德国的环保和气候变化教育更是从幼儿园开始,延伸到教育的各个层次,已形成完整的节能环保教育体系。

(三)注重传播内容的科学性和可操作性

德国在传播节能、低碳、绿色发展等相关理念和知识过程中,非常重视传播内容的科学性、针对性和可操作性。例如,2009 年 2 月,德国经济部能源政策研究小组在主题为"确保德国未来能源供应的十项长期行动方针"中明确指出,在节约能源和优化能源应用方面,必须使消费者清楚地认识到,能源是宝贵的物品,对能源的选择不仅是个人的决定,而且关系到国家的能源政治目标。要进一步开展节能信息的宣传、普及工作,并在能源消费领域,积极向居民提供清晰的节能目标、节能技术、操作方法和参数,使节能政策获得公民的理解和广泛支持,实现数量可观的能源节约。例如,德国弗莱堡弗班低碳社区在建设过程中,非常重视对公众行为的具体引导。在低碳交通体系方面弗班社区倡导"生活无须有车"的低碳出行理念。同时,社区提供各种替代的出行方式(如共乘、有轨电车)。

(四)重视对公众主体意识的培养

德国应对气候变化的长期目标,是要从自然、社会和经济的综合系统层面,有效确保与全面提升德国适应气候变化的总体能力。因此在气候传播中,德国非常重视培养公众的气候保护意识及主体责任意识。德国政界和经济界经常积极组织和推动关于气候变化、能源政策等方面的社会讨论和重点宣传,进一步提高消费者和企业对可持续能源政策的认识,达成全社会的共识、理解和支持。德国的环保和气候变化教育更是从幼儿园开始,延伸到教育的各个层次,已形成完整的节能环保教育体系。

(五)充分发挥媒体的作用

媒体是气候传播的介质,也是重要传播主体之一。德国政府非常重视通过媒体进行气候传播、低碳宣传。报纸、杂志、广播、电视、网络等媒体是居民了解当前气候变化信息的重要媒介,在引导居民参与应对气候变化,在低碳经济模式下合理的消费中发挥着重要的作用。德国电视一台、ZDF、凤凰台等注重时政的电视台,经常组织气候传播中的热点话题,邀请各行业专家、社会名人进行专题访谈、头脑风暴,来帮助公众提高认识、明确参与方向。政府、企业、社区也经常制作醒目的公益广告,密集地安放在主要街区,还通过组织各种体验活动,对公众进行引导。德国实践证明,媒体在引导公众行为方面具有不可替代的作用,通过发现典型、捕捉典型、分析典型、宣传典型进行消费教育,将会起到意想不到的效果。在倡导低碳消费的今天,一方面媒体应通过具体商品和典型案例开展低碳消费教育,另一方面媒体可以利用其敏锐的嗅觉和信息量大的优势不断提出新的消费观念、消费模式和消费见解,并对新兴行业或新上市的产品、服务大力宣传,鼓舞大众参与其中,从而影响消费者的生活方式。

三、英国

英国是较早关注气候变化议题,并采取法律、税收等措施应对气候变化的国家之一(宋锡祥,高大力,2011)。前首相布莱尔多次在重要的国际场合公开强调英国政府在应对气候变化议题上的积极立场(Nina 等,2007)。

英国的气候变化传播工作主要由两个政府部门共同负责,即环境、食品和农业事务部(DEFRA)以及能源和气候变化部(DECC)。

2000 年,英国政府开始实施气候变化项目(climate change programme)。在最新修改的项目计划(2006 年更新)中,DEFRA 提出,政府部门应当从传播主体、途径、方式、内容等方面加强公民个人应对气候变化的行动(DEFRA,2006)。此外,项目还建立了新的促进公民行为转变的"4E"模型(exemplify,enable,engage and encourage)。其中,enable 部分包括"提供信息""教育培训"等方面,帮助公民更简单地完成行为改善;engage 部分包括"社区行动""个人交流""媒体行动""网络关系应用"等方面,鼓励公民以实际行动积极参与。

2004 年,DEFRA 和 DECC 共同开展了气候变化传播战略(climate change communication strategy)。该战略虽然没有出台政府文件,但制定了相应的实施原则和具体措施。在气候变化传播战略的指导下,DEFRA 在 2005 年 12 月发起了气候变化传播行动(climate change communication initiative),旨在通过气候传播使公众意识到气候变化问题的急迫性和前瞻性,从而加强地方和基层参与。

除了政府之外,英国的公民社会也发挥着至关重要的作用。英国在这一领域之所以能取得显著成效,既离不开政府部门的高度重视,也离不开社会公众的广泛参与。"小政府"与"大社会"的通力合作,是英国应对气候变化的最鲜明特点。英国气候传播主要特点包括:

（一）政府大力倡导支持

英国政府先后制定和完善了相应的政策机制，为气候变化传播工作提供了法律、制度和财政保障。

1998年英国开始实施温室气体排放交易计划；2001年，英国政府率先开征气候税，并配套气候税减征措施，引导英国走上低碳经济的发展道路；从2003年开始，英国政府先后发布三份白皮书，即《我们能源的未来：创建低碳经济》《迎接能源挑战》和《英国低碳转型计划》，为《气候变化法》的制定奠定基础。2008年，英国正式颁布《气候变化法》，首次将温室气体减排纳入法律范畴（宋锡祥，高大力，2011）。

自2000年开展气候变化项目以来，英国政府越来越意识到气候传播的重要性。为了改变公众的意识、态度和行为，DEFRA和DECC先后开展了一系列气候传播运动。2004年，两个部门实施了气候变化传播战略（climate change strategy）；2006年，DEFRA联合贸易工业部、环境署、交通部和一些社会组织发起气候传播行动"明天的气候，今天的挑战"（Tomorrow's Climate Today's Challenge）。为了支持地方层面的气候变化传播工作，英国政府设立了"气候挑战基金"，第一轮资金已得到完全分配。此外，政府还建议气候传播项目的开展要遵循统一的原则，以保持传递信息的一致性。政府部门的政策与行动为公众参与气候变化传播提供了大力支持。

（二）公民社会发挥重要作用

公民社会是英国的中坚力量，其发育较早，发展较为成熟，拥有广泛的群众基础。公民社会在英国的气候变化传播中发挥着关键作用。以社会组织为例。英国早在17世纪就制定了《慈善法》并不断修订；1998年还签订了《政府与志愿及社区组织合作框架协议》以加强民间组织和政府之间的合作。在英国，从事气候变化传播的社会组织主要包括Friends of Earth（FoE - EWNI）、WWF - UK、the Centre for Sustainable Energy（CSE）、Energy Saving Trust（EST）、Climate Outreach and Information Network（COIN）等。相对宽松的社会环境使社会组织能够更好地引导、组织公众参与，推动、监督政府工作。英国的《气候变化法》就是由环保社会组织自下而上推动立法的典型案例。

此外，英国媒体在公民社会中也扮演着重要角色。例如，著名的英国广播公司BBC一直对重大气候事件进行追踪报道，对气候变化议题进行及时更新，曾拍摄过纪录片《气候变化的真相》（The Truth of Climate Change，2009），制作过有关气候变化的专题。媒体多元化的报道让气候变化走进公众视野,并引导公众辩证地认识气候变化与社会发展的关系。

(三)推动气候传播专业化、品牌化

除行政手段和法律手段外,英国政府还运用经济手段,同私人部门合作,推动气候变化传播的专业化和品牌化。例如,在实施气候变化传播战略的过程中,DE-FRA 聘请专业的传播咨询公司 Futerra 撰写详细的战略实施建议以及测量公众态度、行为的方式方法。此外,气候转播战略还首先在商业领域尝试品牌管理战略,于 2007 年推出品牌项目"Save Money,Save energy,Act on CO_2",邀请公民测算自己的碳足迹(对个人有财政奖励)或实施长期的"碳抵消"策略(Nerlich 等)。推动气候传播向专业化、产业化的方向发展,将更加科学、有效地指导政府工作和公众参与。

四、丹麦

丹麦在应对气候变化方面走在世界前列,堪称世界最绿色的经济体。从 20世纪 80 年代以来,丹麦的经济累计增长 78%,能源消耗总量增长几乎为零,二氧化碳排放量降低了 13%,在实现经济繁荣的同时实现了节能减排。丹麦模式的成功主要归功于其新能源发展战略的实施,以及社会各界民众的有效参与。综合来看,丹麦的气候传播模式与其低碳发展模式相同,主要表现为政府引导、企业助力和全民参与的特点。其中,丹麦政府是其气候传播不可替代的领导力量,在普及气候变化知识、传播低碳理念和协调各种矛盾与冲突中发挥着重要引领作用。

在国家层面,丹麦政府没有制定单独的气候传播战略,但在 2008 年出台的丹麦气候变化国家适应战略中,对气候传播相关政策进行了规定。其中,通过气候传播积极引导社会共同行动,被视为丹麦气候变化适应战略的重要组成部分。其主要内容包括:一是在国家和地区层面实施有针对性的气候传播活动。二是建立专门的门户网站宣传应对气候变化总体规划、发展目标和具体政策措施,引导企业、民众和社会组织积极参与到应对气候变化的具体行动中来。三是构建覆盖全国的气候变化适应信息网络。丹麦全国 98 个自治区都制定了各自的气候变化适应战略,加入了丹麦地方政府网络。2010 年丹麦气候变化适应信息中心在各自治区实施了一系列调查研究,以收集地方适应气候变化的知识和经验,有针对性地进行政策调整和民众引导。四是建立一个专门的研究中心,聚焦气候变化适应议题研究,由奥胡斯大学负责。此外,丹麦每年制订气候变化国家行动计划,分重点、分层级推动以提高能效和发展风能为重点的新能源战略,积极引导全民参与,以减少对化石能源的依赖,实现气候保护的目标。

综合来看,丹麦的气候传播主要表现出以下特点:

（一）高度重视通过教育提升居民素质

丹麦政府高度重视通过教育和培训提高居民应对气候变化、发展新能源的意识和行动能力。丹麦政府认为,教育在应对气候变化的斗争中起着至关重要的作用,应鼓励所有年龄的人加入应对气候变化。在新能源发展和环境保护教育领域,政府、企业和社会组织充分发挥协同效应,不断创新教育模式,建立了覆盖各个社会群体和年龄阶段的教育网络。其中,对青少年的低碳发展意识培养被视为重中之重。丹麦教育部规定,2008—2009年,所有中小学教学大纲中必须增加有关气候变化的内容。丹麦环境和发展国际机构（International Institute for Environment and Development, IIED）每年针对青少年、农民、企业等在学校、农场和社会团体等多种场合举办各种教育培训活动。以位于丹麦中部的萨姆索岛为例,该岛是一个新能源供应的示范岛,在10年内就实现了100%的可再生能源供给,2010年岛屿上的人均碳排放量已经为负数。其成就的取得,是在从市政当局、环保人士到管道工、农场主以及家庭主妇的共同努力下完成的,尤其与其对居民的教育尤其是青少年的气候变化教育息息相关。在萨姆索岛能源学院,会对当地儿童从小进行风电等新能源发展相关知识的教育,从小给他们树立发展新能源的意识。此外,能源学院还免费对来自各地的游客开设专门的能源课堂,传播一些关乎能源可持续利用的知识,吸引尽可能多的民众参与到应对气候变化和新能源发展中来。

（二）将气候传播与企业发展相结合

企业在丹麦气候传播中扮演着非常重要的角色。将应对气候变化与企业发展相结合,在应对气候变化中帮助企业寻找新的商机,进行技术创新和商业拓展,企业发展后再反过来"反哺"气候传播,提升全民参与意识,是丹麦气候传播一个重要亮点。气候变化对企业来说,代表的是一个迫在眉睫的市场商机。自2007年开始,丹麦政府启动一项应对气候变化的商业战略,目的在于确保丹麦在防止和适应气候变化过程中能够在全球范围内处于优势地位,并同时承担减少温室效应的国际责任。该商业战略是国家经济增长的战略,既要确保经济发展,又要减少温室效应。而经济增长的实现取决于丹麦企业在相关领域的技术创新和推广。在此商业国家气候战略的框架下,丹麦节能环保和新能源产业蓬勃发展,在全球市场获得了良好的市场竞争力。而企业盈利之后,积极反哺社会,积极参与全民应对气候变化和新能源发展的教育、培训和知识普及。例如,在哥本哈根商学院,每个教室的门口都有一个企业的名字,这些都是企业赞助的教室,包括维斯塔斯在内的新能源公司都在其中。丹麦著名节能企业丹佛斯(Danfoss)公司多次为14~18岁的年轻人举办了"气候与创新"夏令营,引导年轻人为应对气候变化贡献智慧。

(三)注重用经济手段调动民众积极性

在气候传播中,丹麦创新传播模式,注重用经济手段调动民众积极性。其风电推广模式同时也是一个气候传播的典型案例。在风电推广过程中,丹麦政府按照地区就近的原则,根据各地情况建立了不同规模的风机合作社,通过让当地人持股的方式,在增加装机容量的同时,也提高了风能等可再生能源在国人心目中的认可度和参与度。根据相关规定,投资商投资一个风电场,必须将其股份的20%让给当地居民,这极大地激发了民众对发展新能源的兴趣和了解。

(四)注重发挥全社会协同效应

各类社会组织是丹麦气候传播的重要推动力量,通过举办形式多样的公益性活动来普及低碳理念,激发公众尤其是青少年对低碳环保的认识,提升公众的参与意识。丹麦风能协会作为一个民间组织,经常组织丹麦与其他国家的学生互访,共同交流自己对风电发展的看法,并组织学生与风电供应商交流,让学生了解企业的发展,同时也便于企业挑选人才。世界资源研究所则通过在丹麦全国的学校举办美化环境摄影展等方式,教导孩子重视关注环境和可持续管理环境,获奖学校的学生将获得机会去格陵兰岛亲眼见证气候变化所带来的影响。世界自然基金会通过在丹麦学校举办的"气候挑战"竞争,在年轻人中传播相关知识。此外,各研究机构和高校也是气候传播的重要力量。通过开展气候传播相关理论和传播技巧的研究,在知识和行动之间搭建桥梁。

丹麦在气候传播中非常注重发挥全社会协同效应。政府联合媒体、企业、社会组织等各方力量,通过各种方式倡导全民参与低碳发展,将应对气候变化、低碳发展、新能源战略等渗透到公民衣食住行等各个方面。森讷堡市"零碳项目"就是一个典型的代表。2004年,总部位于森讷堡的丹佛斯集团时任总裁雍根·柯劳森提出:"我们的思维一定要超前,一定要放眼未来,充分考虑到我们这个城市的可持续发展,做到世界一流"。基于这个理念,由政府部门、企业界以及能源供应公司等80多方共同组成了一个名为"南丹麦未来智囊团"的类似智库组织,于2007

年正式启动"零碳项目"。该项目目标是在 2029 年之前,先于丹麦国家计划 21 年,将这种 750 年历史的老城率先转变为"零碳城市"。该项目得到了森讷堡市政府和丹佛斯集团、丹麦国家能源公司等知名企业在内的五大基金的支持,由公共领域的市政和私人领域的公司共同合作实施,是丹麦公私合作推动低碳发展和气候传播的一个典型范例。

(五)积极促进信息交流分享

搭建信息交流平台,促进信息交流经验分享是丹麦气候传播的另一个特点。适应气候变化是一项新任务和新挑战,需要新思路、新方法、新模式和新技术。搭建信息交流平台,加速这些新思路、新方法、新模式和新技术的传播,将对适应气候变化工作产生积极作用。《联合国气候变化框架公约》下针对适应气候建立的"内罗毕工作计划"其中很重要的一项工作就是广泛吸引利益相关者开展和参加各类活动并分享经验。根据"内罗毕工作计划"相关要求,除了通过广播、电视、报纸、杂志、广告和互联网等传统媒体进行信息传播之外,丹麦政府还于 2008 年建立了专门的门户网站和覆盖全国的气候变化适应信息网络,并加入"欧盟气候适应平台"网站(Climate – ADAPT)。该网站提供丹麦适应气候变化的气候变化预测、相关政策措施、当前和未来重点行动领域和适应案例等方面内容。网站还开辟了供公众分享相关信息和交流的专栏,促进信息交流经验分享。2010 年丹麦气候变化适应信息中心在各自治区实施了一系列调查研究,以收集地方适应气候变化的知识和经验,有针对性地进行政策调整和民众引导。

参考文献:

1. 单雪辉,新闻媒体气候传播的功能及方法策略,中国传媒科技,2014.3。

2. 郑保卫,中国气候传播研究的机遇与挑战,新闻研究导刊,2013.11。

3. 苏伟,气候传播在中国,新闻研究导刊,2013.11。

4. 安东尼·莱斯维茨,气候传播受众:美国视角下的公众认知与政策选择,新闻研究导刊,2013.11。

5. 李玉洁,信源、渠道、内容——基于调查的中国公众气候传播策略研究,国际新闻界,2013.8。

6. 沈百鑫,气候变化与公众参与,资源环境与发展,2013.4。

7. 郑保卫,宫兆轩,新闻媒体气候传播的功能及策略,新闻界,2012 第 21 期。

8. 姬亚平,行政决策程序中的公众参与研究,浙江学刊,2012.3。

全球治理下的国家气候传播机制研究

张志强①

摘　要:积极应对气候变化,深化全球气候治理是世界各国面临的共同任务。以化石燃料为基础的高碳社会造成了今天高度发达的物质文明,同时也带来了一系列难于承受的副作用。全球共同应对气候变化,要坚持共同但有区别的责任原则和各自能力的原则。政府作为管理和规则的制定者,保障国家利益的最大化,通过软实力体现中国在全球气候治理中的领导力与核心地位,社会组织、企业和社会公众作为气候传播的利益相关方要充分发挥各自的功能和作用。

关键词:全球治理　中国　气候变化　气候传播　低碳

积极应对气候变化,深化全球气候治理是世界各国面临的共同任务。自工业革命以来,由于人类自身活动产生的温室气体排放导致全球温度上升,已经超越自然界自身温度变化趋势,并呈现出越来越快的加速势头。在工业革命后的一百多年里,是全球市场经济迅速发展和全球化进程快速推进的时期,全球二氧化碳浓度自工业革命前的280PPM上升到今天超过400PPM。气候变化作为全球最大的"市场失灵",利用市场机制已经无法控制温室气体的无节制排放,因此,通过政府管制强制要求企业减排,以扭转全球不断加速的温升趋势。

以化石燃料为基础的高碳社会造成了今天高度发达的物质文明,同时也带来了一系列难于承受的副作用。改变高碳为基础的现代文明运行体系,必然会带来一系列颠覆性的利益调整。世界各国在大力抑制以煤炭、石油为主的传统能源的

---

① 张志强,副研究员,国家应对气候变化战略研究和国际合作中心,中国人民大学新闻学院2014级博士生。

同时,大力发展太阳能、风能等可再生能源。早在20世纪70年代,如美国、英国、德国和法国等为首的欧美发达国家就已经实现了GDP增长与能源消耗下降的双重目标,在其实现能源消耗的峰值之后,工业碳排放水平处于平稳下降的阶段。但是这种格局的形成并不是一帆风顺的,其间的利益博弈至今依然存在。作为最为直接的后果就是美国、加拿大、日本、澳大利亚等国退出或不承认《京都议定书》达成的强制性减排义务。

在全球共同应对气候变化的同时,要坚持共同但有区别的责任原则和各自能力的原则。当今的全球温升主要是由发达国家的排放导致的,广大的发展中国家为此承担了共同的责任。事实上由于市场壁垒和技术垄断,广大的发展中国家如果要避免走发达国家高碳发展的老路,必须采用先进的低碳技术才能跨越当前的发展路径。事实上由于受到知识产权保护的制约,发展中国家不可能用很低的成本获取到低碳技术,另外发达国家承诺给予发展中国家的资金也一直不能落实。

在以上背景下,气候传播所涉及的范围不仅是气候变化宏观层面的制度安排,更要考虑涉及气候变化的不同利益集团之间的利益诉求。特别是大国内部不同利益相关者在高碳与低碳选择过程中的利益得失。只在这样,才能理解气候变化不同的利益相关方所采取的传播手段和内容的差异。

一、理论综述

气候传播作为一个较为新兴的交叉专业领域,国外学术界对于气候传播的研究时间较早一些,通过web of science数据库可以查到的资料有130多篇,时间跨度为1994年到2016年,经过HISTIC软件识别,CCS普遍较低,这说明各个学科之间的交叉引用相对较少,这也证明了气候传播研究依然分散在不同的学科之中,但GCS指标较高,说明特定领域中同行引用程度较高。国内关于气候传播的文献与国际社会相比,不仅起步较晚,而且相关文献数量也很少,根据CNKI数据库统计,从2007年到2016年,相关气候传播的文献不足50篇。2009年之前气候变化主要集中在科学传播领域,而自2010年之后大多数集中于中国人民大学郑保卫教授的研究团队。

1. 国际气候传播研究综述

早期的公众对于气候变化的认识主要集中在氯氟烃(chlorfluoron carbon,CFC)的温室效应,对于二氧化碳(carbon dioxide,CO_2)的排放所产生的影响并不是十分清楚(Bostrom,Morgan,Fischhoff & Read,1994),当时公众对于气候变化的研究主要是集中于如何将各种效应集合在一起,如臭氧洞的冷却效应与温室效应之间的互补关系。在这个研究中,大多数的测试者可以准确地描述"大气污染",也可以区分气候与气候变化,但是对于臭氧、空气污染和温室效应等描述会出现错误。通过这些实验可以清楚地看到,专家与普通公众之间的认识存在着明显的差异。

Palmgren 等学者指出(Palmgren, Morgan, De Bruin & Keith, 2004)国外的研究学者通过心理模型(mental model)来分析公众对于气候变化的认识,通过对于不同的非专业领域的普通公众进行测试,了解他们对于气候变化的认识。调查结果显示,公众对于气候变化的理解与专家有显著的区别,对于一些专业的领域,如将 CO_2 注入地下,并没有得到公众的理解,他们认为,将 CO_2 注入地下或海洋是权宜之计,并且会对未来的气候变化产生影响,特别是在海洋地区影响会更大。

在气候传播的过程中,公众关心的一个问题是气候变化是否真的发生,并且政府在气候传播过程中所做的一项工作是告知公众气候变化已经确确实实的发生,并且需要采取行动进行应对。然而一种现实的问题是公众并不能目睹气候变化的影响,并且在科学上气候变化仍然存在着不确定性,同时,如何正确地应对气候变化还存在不确定性。根据恐惧诉求理论(fear appeal theories),如果对于现存的环境问题没有现成的解决方案,那么一些支持者的态度和行为会发生变化(Parant et al. ,2016)。

气候变化已经不单纯是一个科学问题,同时也会成为一个与价值判断相关的文化问题。气候传播在认知上的复杂性,导致了其在传播过程中的复杂性。气候传播的范围主要涉及信息、意识、内容和行动等方面。在气候传播的过程中,传播不仅要社会公众理性的参与,更要把这些信息变得显性化、趣味化,并且对于个人而言是具有重要的意义,激发社会公众在理解、意识和行动等环节积极地参与其中(Nerlich, Koteyko & Brown, 2010)。

气候传播已经从单纯的科学和技术层面转向政治、经济和文化等多个层面(Harvey, Carlile, Ensor, Garside & Patterson, 2012)。公众对于气候变化问题十分关注,学术界对于公众意识的调查充分显示了公众对于气候变化问题的认识维度及其与自身的关系(Blennow, Persson, Tome & Hanewinkel, 2012)。神经模型(mental model)是评价科学知识与公众认识的一种常用的分析工具。科学家在向利益相关者和社会公众传播科学知识的过程中,会面临一系列的障碍,会经常因为不知道公众关心的问题而出现偏差(de Bruin Waendi & Bostrom, 2013)。国外学者从社会心理学的角度来分析信息框架(message framing)下社会公众对于气候变化信息的影响(Bertolotti & Catellani,2014),框架分析通常会选择事件的信息,并给这些信息赋予积极或消极的价值判断。通过强化一些重点方面,框架分析可以影响公众对于事件的态度。

公众传播与专家之间存在信息的差异,其中一个原因是每个人都在按照自己的意愿解读气候变化,或许气候变化的事实与他们之前的价值观并不一致,或者是冲突的,因此不同的受众对于气候变化的理解更多是基于自身的经历(Corner & Groves,2014)。气候变化在某种意义上是一种特殊的环境风险,并且人们更多地关注由于气候变化带来的社会正义问题。同时,价值作为一种多元的存在,其与气候变化的关系也是多种多样的,总体上与气候变化相一致(Corner,markowitz & Pidgeon,2014)。

2. 中国气候传播的研究综述

贾鹤鹏(2007)从气候变化科技传播的角度,分析了2007年媒体报道与气候变化科学之间的关系,指出媒体缺乏与相关的科学家和科研院所进行沟通是中国科学传播中存在的主要问题,另外由于新闻长期的宣传导向,导致关于气候变化的媒体报道中缺乏细节、缺乏轰动效应、缺乏科学家的行动和观点,这恰恰是科学在新闻传播过程中必不可少的因素。

中国人民大学郑保卫教授系统地阐释了生态文明、气候变化和气候传播的关系(郑保卫,李玉洁,2010,2011;郑保卫,宫兆轩,2012;郑保卫,2013),首次分析了气候传播在中国的发展,并通过历史地梳理气候变化谈判的进程,明确了气候传播的概念,认为气候传播是一种传播现象,是将气候变化的信息和科学知识为社会和公众所理解和掌握,并通过公众态度和行为的转变,以寻求气候变化问题解决为目标的社会传播活动。通过分析媒体、政府和公众对于气候变化问题的态度和认知,提出了不同的领域开展气候传播的方法和途径。并通过对德班气候大会的实证研究,提出了气候传播过程中不同的参与方要互相配合,政府要提供积极的信源,建立多层次的传播主体,形成传播合力,突出人性化和真实感。在理论和实证研究的基础上,中国气候传播项目中心还在中国开展"中国公众气候变化和气候传播公众认知调查"等社会调查项目,研究公众对于气候变化的意识和行为能力的变化(李玉洁,2013),从气候传播的渠道、信源、内容和策略等多个方面,分析了社会公众对于气候变化认知能力的现状。

媒体从业者也从自身的角度分析了媒体报道对于气候传播的方式和影响。

袁瑛(2013)指出气候变化新闻与环境新闻的差异,指出了由于二者时间尺度的差异,全球性、弱冲突性和公众记忆的短暂性等原因,导致气候变化报道不同于之前的环境报道。刘涛(2013)从修辞学的角度认为,气候变化本质上是一种典型的新社会运动,通过将社会变化建构为一个公众议题,激发公众的参与,最终达到防止温室气体排放和气候变化危害的政治目的,并进而引发深层次的社会意识转型和社会集团行动,并通过意指概念、语境、修辞、隐喻、接合等手段将气候变化传播与社会各个领域的发展密切地结合在一起,并进而成为影响社会公众行为的人为话题。王彬彬(王彬彬,吕美,2013)指出,气候传播在气候变化过程中起到了加速器的作用,注重公众对于气候变化的认知能力的变化,通过公众认知行为的调查,提升政府对于气候变化政策的制定能力。张丽君(2013)从国际传播学的角度分析了中国在气候变化领域国际传播的形象负面积累过程和国际传播体系中主体错位的根源,指出单一的政府宣传并不足以弥补国际社会对于中国的负面报道,需要政府与科学家、非政府组织形成合力。

二、发达国家气候传播的经验

英国是较早开展应对气候传播的国家之一。Nerlich 等在一项关于 1985 年到 2005 年英国气候传播的研究中指出,英国的气候传播分为三阶段,第一阶段是从 1985 年到 1990 年,记者和政治家们不断指出气候变化的风险,特别是 1988 年英国前首相撒切尔夫人在皇家科学院的演讲,进一步推动了公众对于气候变化的关注程度。第二阶段是从 1991 年到 1997 年,这一阶段主要以社会公众的辩论为主,第三个阶段是从 1998 年到 2003 年,主要是关于气候变化危险性的认知范围不断扩大。总体来看,英国政府在气候传播过程中所做的工作主要包括三个方面,一是提升公众意识,二是通过公众与社团的参与提高公众的关注和理解程度,三是推动公众行为的改变。科学家在传播的过程中迫切需要改变的是语言的风格以适应公众的风格、利益和关注的内容。而公众对于气候变化的理解却是从另外不同的角度,如社会公众经常会把气候变化与大气污染和全球环境的变化结合起来,而对于全球变暖却有着更为宽泛的含义,因此,在气候传播的过程中,需要在科学与公众的关注之间进行平衡,也就是,不仅要让公众对气候变化的后果感到恐惧,更要告诉公众他们的行动可以改变这种状况。英国政府在气候变化领域开展了系列的品牌活动,如 2007 年启动的 Save Money, Save Energy, Act on CO_2 活动,引导公众计算自己的碳足迹,并提供了相应的财政激励措施,并通过系列的措施鼓励公众每人每年可节约 300 英镑的支出。另外更具有战略意义的措施如碳补偿活动,同时在英国公众中开展气候变化影响项目(climate impact program,UKCIP),为公众提供气候变化的信息,鼓励公众亲自开展有关气候变化的研究活动,并提出自己的应对方案。在传播的手段上,一项有关文化与气候传播的研究指出,积极的表述会使听众更容易接受气候变化,采用如恐惧的词语可以会产生相反的效果,另外,在传播的过程中采用一些隐喻的手法,如讲故事的方式会使公众更容易接受气候变化所带来的影响(Nerlich et al. ,2010)。

美国对于气候变化的认识是不断演化的过程。早在 20 世纪 80 年代就已经将气候变化和环境问题作为报道的议题,但从 1984 年到 1989 年三个主要的通讯社对于气候变化的报道分析指出,当时大多数的故事都源于戏剧,并提供少量的科学背景。而媒体真正关注始于 20 世纪 90 年代,从里约全球峰会和《京都议定书》签署之后,美国媒体更多地从全球角度来讲述气候变化(Schafer & Schlichting,2014)。通过官方机构、社会组织及有影响力的个人极力地宣传气候变化,越来越多的人认可气候变化。从美国的环保局在网站上设立宣传气候变化的知识专栏,到美国前总结戈尔制作的宣传片《不容忽视的真相》。在全球范围内,美国并没有像其他国家那样将把气候变化作为国家的一个主要威胁(Pew Research Center,2013)。美国耶鲁大学安东尼教授(2013)认为,根据连续多年对于美国公众的调查显示,美国公众对于气候变化可以分为六个不同的类型,其中只有 40%的人关注气候变化,特别是近年来,公众对于气候变化的关注程度有所回落,其中一个原因是媒体对于气候变化的报道不足。目前,约有 40%的美国人把气候变化作为继国际金融危机、核武器和中国崛起之后的第四大威胁(pew,2014)。大约40%的美国人相信气候正在变化,四分之一的美国人仍然持怀疑态度(Gallup,2014)。

韩国的气候变化意识研究通过 ZMET[the zaltman metaphor elicitation technique(ZMET)]方法来分析韩国民众对于气候变化的认识情况(Anghelcev,Chung,Sar & Duff,2015)。

此外,还有学者从健康与气候变化的角度开展了相关的研究,认为气候变化与健康存在密切的关系(Ebi Kristie et al. ,2006,Frumkin & McMichael Anthony,2008)。

三、中国气候传播的做法和经验

1. 国内气候传播

中国国内的气候传播主要是以宣传政府气候变化工作和成效、提升公众低碳意识和推动社会各界积极参与为目的,综合运用宣传、教育和培训等多种手段,充分展现政府、媒体、智库、社会组织、企业和社会公众等多方面的利益诉求。

自 2008 年国家发展改革委成立气候司以来,积极应对气候变化已经逐步由科学问题转变为社会经济领域的问题。同时,低碳城镇、低碳社区和碳交易等一系列试点工作也相继开展。自 2013 年开始,国务院将每年的节能周的第三天定为"全国低碳日",以此来唤起社会各界对于气候变化和低碳发展的关注和行动。"全国低碳日"通过举办应对气候变化主题展览、影像展、论坛、进校园等系列活动,展现国内部门在应对气候变化领域的政策和做法,并通过媒体的广泛报道,提升了社会各界对于气候变化的关注度。在政府的积极推动下,积极应对气候变化,实现绿色发展和低碳发展,已经成为生态文明建设的重要内容之一,并且随着国内公众对于极端气候事件的认识不断深入,逐步意识到气候变化并非遥不可及,已经开始影响到自身生活。

以生态文明为背景和国家发展战略的转变,为气候变化工作在国内外的开展奠定了基础。积极应对气候变化作为生态文明、绿色发展的重要内容,成为自十八大以来中央政府的工作重点,同时,由于多年工业化进程导致的雾霾等环境污染事件加剧了公众对于自身生存环境的诉求。同时,作为全球第一大温室气体排放国,国际社会对于中国开展减排不断增加压力。特别是自 2013 年为治理雾霾为第一要务的大气污染治理工作,进一步加快了国内对于清洁环境的需求,应对气候变化要求低碳发展,消除高碳的生产和生产方式的负面影响。

随着公众对于环境问题的日益关注,低碳发展的内在需求也不断上升。主管部门在推动低碳试点城镇、低碳社区和碳交易等系列试点工作的深入开展,媒体、公众和企业对于低碳发展的认识也在不断深入,特别是低碳发展的模式、路径以及和社会公众的利益相关性等不断显性化。一些企业,如蚂蚁金服等设立全民碳账号,使社会公众可以清晰地感受到可持续发展的意义。①

---

① 蚂蚁金服宣布上线"碳账户"支付宝从此能种树,http://mobile.163.com/16/0829/14/BVL3SLLA001180B C.html

在气候传播的初始阶段,媒体报道在某种程度上是国家意志的表现。无论在传统的平面媒体报道,还是以互联网为载体的新媒体,中央及国家级媒体在国家气候传播的过程中发挥了积极的传导作用。以《人民日报》、新华社、中新社、《中国日报》以及央视为代表的中央及国家级媒体在各自的跑口报道中,除了在规定的范围内宣传国家应对气候变化的重大事件以及政策成效,还设立了相应的专栏,对于应对气候变化的重大事件进行分类梳理和报道。在气候变化领域,国内媒体的报道数量和频次直接影响了公众对于气候变化的了解,如全国低碳日、气候变化年度白皮书新闻发布会等一些重要的节点事件,往往也是新闻媒体报道最为集中和密集的时候,通过高密度大频次的新闻报道以及相关新闻媒体的转载,短期内在各个主要媒体形成了一波强有力的推送,提高了社会各界对于气候变化的认知,并以此提升公众的气候变化意识。

气候变化导致全球温升,其本质是公共产品的个人(群体)利益与社会利益的平衡。在气候传播的过程中,当社会损害不足于损害个人利益时,个人对于公共利益是漠视的。反之,当公共损害危害到个人利益时,才会触发基于个人(群体)利益的关注和行动。但是仅仅基于道义的意识提升,如一些气候变化和环保机构的倡导,并不能完全唤醒带动整个社会的行动意识。政府的介入将这种社会的利益上升为国家的利益,通过财政对于事业的投入弥补了社会组织在财力和组织上的不足。在这个意义上,政府并不是气候变化最早的倡导者,却是公共利益最有力的协调者。

在气候传播的过程中,政府、媒体、智库、社会组织、企业和公众形成一个单向的传导链条。在这个链条中,政府处于主导地位,决定着整个链条信息传导的来源和数量。随着气候变化不断被社会各界所接受,媒体、智库、社会组织、企业和公众也会成为议题的设置者和发布者,单向的传播模式逐步分化为多维度的传播模式。

在整个传播链条中,各个利益相关方的出发点并不相同。随着气候变化议题的泛化,气候变化在不同的领域越来越多地表现为各个利益相关方自我意志释放的载体。如企业参与气候变化,是以降低温室气候负面影响的社会责任为初始动机,但是随着碳交易规则的不断明确,通过碳市场手段创造利润的战略机会开始显现,企业开始主动探索低碳发展的盈利模式。公众的低碳行为和意识也存在着类似的现象,根据中国气候传播项目中心(2013)的调研结果,在四类关注低碳发展的人群中,有意识无行动的群体以及受到利益驱动的人群占到四分之一。①

2. 国际气候传播

气候变化问题是全球关注焦点,世界各国都十分重视应对气候变化行动与传播的协同作用。中国作为负责任的发展中大国,充分认识到应对气候变化的重要性和紧迫性,不仅提出了明确的温室气体排放控制目标,还采取了积极的政策、措施和行动,为全球应对气候变化做出了巨大贡献。面对不断增加的国际压力,日益复杂的国际气候谈判进程,越发激烈的各方博弈,需要进一步加大传播和舆论引导工作力度,使各方面充分认识应对气候变化任重道远及中国所取得的阶段性成果,从而呼应、配合和支持中国政府在气候谈判方面的立场和策略,在维护中国发展权益的同时,也树立积极负责任的大国形象。

2015 年国家主席习近平在巴黎气候大会开幕式发表《携手构建合作共赢、公平合理的气候变化治理机制》的演讲,提出了在未来一段时间内中国政府积极参与全球气候治理的战略框架。这标志着中国已经从被动参与全球游戏规则制定转向积极参与国际事务。

中国开展对外传播已经初步形成了国家、媒体、智库、企业和社会组织多层次多主体的传播格局。在国家层面来看,气候外交已经成为国家外交战略的重要组成部分。国家领导人出访时,气候变化已经成为必不可少的议题,以人类命运共同体为共同利益载体,以包容、发展和求同存异为目标的合作模式得到了国际社会的广泛认可。同时,在国际舞台上,以非国家身份出现的智库发挥着重要作用,作为国家利益的执行者和防火墙,智库与国际多双边机构、智库高校开展研讨对话等多种形式的接触,作为国家一轨之外的半轨开展工作。近年来,企业也日益参与到气候变化的国际合作中,通过与国际机构签订合作协议,组织专项活动等形式开展对外传播,通过这些活动,不仅提高了自身的知名度,而且在国际舞台上树立了良好的形象。联合国气候变化大会中国角是每年一度的国家气候传播的重要平台,通过组织国内外的政府、媒体、智库、企业、社会组织等组织不同主题的研讨活动,凝聚共识,发出声音,极大地增强了中国在国际舞台上的影响力。

在国家气候传播的过程中,南南合作越来越成为中国在国际社会开展气候变化工作的重要领域。随着中国政府宣布成立应对气候变化南南合作基金和"十百

---

① 四类低碳人:中国城市公众低碳意识及行为调查报告,http://www.oxfam.org.cn/uploads/soft/20130625 /1372129149.pdf.

千工程"之后,中国政府的南南合作进入一个新发展阶段,与此相配合,中国作为绿色气候基金(green climate change fund,GCF)董事国,为发展中国家开展项目合作提供了大量的支持。随着"一带一路"倡议的延伸,通过物资赠送和培训发展中国家的学员,推动"一带一路"沿线国家实现绿色发展,共同应对全球气候变化。

对外传播是对内传播的延伸,和国内传播既有相同点,但也存在着很大的差异。

就相同点而言,世界各国都在提高公众意识,推动社会各界在参与气候变化方面付出了巨大的努力。包括英美等很多国家还通过修改立法、调整产业政策、节能减排、提高能效、实施碳交易等多种方式实现低碳发展,同时还在提升公共意识、推动公共参与等方面通过专项行动、明星代言等多种方式推动全社会参与。

就其差异性而言,应对气候变化国际传播复杂程度要远远高于国内传播。一是不同国家之间所承担的责任不同。以欧美发达国家为代表的利益集团在工业革命以来的大量排放是全球温升的主要原因,因此发达国家一方面要和广大的发展中国家一道共同应对气候变化,但是要承担有区别的责任。同时,也要看到,广大的发展中国家由于还处于工业化进程之中,发展和消除贫困是这些国家面临的首要问题。同时,发达国家在资金技术等领域居于垄断地位,对由于发达国家早期排放导致全球气候变化无力承担,因此在共同但有区别的原则基础上,还是考虑各国的发展阶段和国情,以各自能力原则参与全球气候变化。二是不同国家面临的利益诉求不同,在参与全球气候变化谈判的国家中,除了美国、欧盟、伞形国家、非洲集团、最不发达国家、立场相近国家等不同的利益集团之外,还有众多利益相互交叉的各种利益集团数十个,并且在气候变化的控制目标上也各不相同,如小岛屿国家希望全球温度上升控制在1.5度,而有的国家则希望以2度为目标。三是全球公共利益背后经济利益的导向差异。欧盟作为国际激进的气候变化利益集团,在和其他国家开展气候变化谈判的背后,代表的是其内部各个利益集团的经济利益。通过其居于垄断地位的技术优势,在全球控制温室气体的号召下,输出本国的技术和标准,并对其他国家不符合欧盟标准的产品征收高额的税收,以此来实现欧盟在全球气候变化领域的领导地位。正是由于不同国家各自利益的差异,导致气候变化的国际传播需要从多个维度综合考虑。

四、结论

应对气候变化作为全球治理模式的具体映射,不仅需要各国政府的政治抉择,更需要科研机构、企业、媒体和公众等各个利益相关方的积极行动。尽管全球气候变化还存在科学上的不确定性,但是作为无悔决策和全球日益增加的气候风险,如何构建合作共赢、公平合理的发展机制已经成为当今世界共同面临的问题。

根据制度经济学的研究,后发国家往往会充分发挥集中力量办大事的优势,通过个别领域的优先突破带动整体水平的上升。在气候变化领域也是如此,正是由于政府不断加强战略建设,如建立国家应对气候变化领导小组,发布国家应对气候变化方案,组建应对气候变化司和战略合作中心等系列措施,大大加强在组织、队伍、研究和谈判等多个领域的力量,逐步摆脱了哥本哈根谈判时期全球对于中国的误判和抹黑,并在巴黎气候变化会议中通过中美、中法等重要国家的多次联合声明巩固自身的地位,加强了在国际舞台上的话语权,并成为全球气候治理的核心国家之一。

当前,中国在气候传播过程中依然是政府主导的格局,专家学者、媒体和企业、公众属于从属的地位,如从2013年开始的全国低碳日活动就是经国务院批准的,由政府部门指导和参与,旨在提高社会各界低碳意识的大型活动,经过四年的发展,低碳发展的理念已经深入社会各界,同时,公众在意识提升的同时,也不断在行动上进行转化。

当前全球气候变化本身已经突破了单纯的科学、政治、经济和文化的界限,成为全球治理的重要内容。气候传播作为其中的重要内容,也是一个多主体、多视角、多层次、多领域的交叉活动,涉及政府、企业、专家学者、媒体、社团组织和社会公众等众多的利益相关方。在传播机制上,随着技术的进步和受众偏好的转移,传统的报纸、电视等媒体传播方式会不断向手机、平板电脑等移动终端转移,专家学者的专业论文著作会向微信、微博等碎片化的传播平台扩散,多屏互动和跨平台共享会成为公众参与和获得信源的另外一种方式。同时基于互动的网络传播已经削弱了政府对于传统媒体的管控,以个人为信源的传播模式将改变以前自上而下的信息传递方式,同时,基于自下而上的集团和个人利益表达也会影响整体的传播方向,甚至政策的制定与执行。

同时,也要看到在政策制定、国际谈判和多双边国际交流合作等领域,由于涉及国家机密和敏感信息,其信息公开的滞后性会弱化公众对于当前形势的判断,如何引导不理性的传播信息是当前气候传播过程中面临的问题之一。另外,媒体的专业性、公众的核心诉求以及企业的收益保障等因素都会进一步影响气候传播的效果。

　　基于国与国之间的国际传播是气候传播的重要内容。巴黎会议之后,基于国家自主贡献的减排行动已经成为世界各国积极应对气候变化的新模式。中美、中欧、立场相近国家、最不发达国家的利益都会在中国汇集。因此,在气候变化国际传播的过程中,如何讲好中国故事,加强与国际社会的沟通,树立中国负责任的大国形象,特别是面对一些不友好的声音,如何实现有理有节有效的应对是当前对外传播过程中亟待解决的问题之一。

　　气候传播是一项系统工程,其会随着形势的变化与时俱进,政府、企业、社会团体、媒体和公众的作用和身份也会随之发生变化。在国内外气候传播的过程中,非政府机构、企业和社会公众作为气候传播的主导者作用会越来越显著,政府作为管理和规则的制定者,综合协调国内外不同利益的关系,保障国家利益的最大化,同时在公共外交领域实现多渠道的交流和合作,通过软实力体现中国在全球气候治理中的领导力与核心地位。

参考文献

1. Anghelcev, G. , Chung, M. - Y. , Sar, S. , & Duff, B. R. L. (2015). A ZMET - based analysis of perceptions of climate change among young South Koreans. Journal of Social Marketing, 5(1), 56 - 82. doi:10. 1108/jsocm - 12 - 2012 - 0048

2. Bertolotti, M. , & Catellani, P. (2014). Effects of message framing in policy communication on climate change. European Journal of Social Psychology, 44(5), 474 - 486. doi:10. 1002/ejsp. 2033

3. Blennow, K. , Persson, J. , Tome, M. , & Hanewinkel, M. (2012). Climate Change: Believing and Seeing Implies Adapting. Plos One, 7(11). doi:10. 1371/journal. pone. 0050182

4. Bostrom, A. , Morgan, M. G. , Fischhoff, B. , & Read, D. (1994). WHAT DO PEOPLE KNOW ABOUT GLOBAL CLIMATE - CHANGE. 1. MENTAL MODELS. Risk Analysis, 14(6), 959 - 970. doi:10. 1111/j. 1539 - 6924. 1994. tb00065. x

5. Corner, A. , & Groves, C. (2014). Breaking the climate change communication deadlock. Nature Climate Change, 4(9), 743 - 745. doi:10. 1038/nclimate2348

6. Corner, A. , Markowitz, E. , & Pidgeon, N. (2014). Public engagement with climate change: the role of human values. Wiley Interdisciplinary Reviews - Climate Change, 5(3), 411 - 422. doi:10. 1002/wcc. 269

7. de BruinWaendi, B. , & Bostrom, A. (2013). Assessing what to address in science communication. Proceedings Of the National Academy Of Sciences Of the United States Of America, 110, 14062 – 14068. doi: 10. 1073/pnas. 1212729110

8. Ebi Kristie, L. , Kovats R, S. , & Menne, B. (2006). An approach for assessing human health vulnerability and public health interventions to adapt to climate change. Environmental Health Perspectives, 114 (12), 1930 – 1934. doi: 10. 1289/ehp. 8430

9. Frumkin, H. , & McMichael Anthony, J. (2008). Climate Change and Public Health Thinking, Communicating, Acting. American Journal Of Preventive Medicine, 35 (5), 403 – 410. doi: 10. 1016/j. amepre. 2008. 08. 019

10. Harvey, B. , Carlile, L. , Ensor, J. , Garside, B. , & Patterson, Z. (2012). Understanding context in learning – centred approaches to climate change communication. IDS Bulletin, 43 (5), 31 – 37. doi: 10. 1111/j. 1759 – 5436. 2012. 00360. x

11. Nerlich, B. , Koteyko, N. , & Brown, B. (2010). Theory and language of climate change communication. Wiley Interdisciplinary Reviews: Climate Change, 1 (1), 97 – 110. doi: 10. 1002/wcc. 2

12. Palmgren, C. R. , Morgan, M. G. , De Bruin, W. B. , & Keith, D. W. (2004). Initial public perceptions of deep geological and oceanic disposal of carbon dioxide. Environmental Science & Technology, 38 (24), 6441 – 6450. doi: 10. 1021/es040400c

13. Parant, A. , Pascual, A. , Jugel, M. , Kerroume, M. , Felonneau, M. – L. , & Gueguen, N. (2016). Raising Students Awareness to Climate Change: An Illustration With Binding Communication. Environment and Behavior. doi: 10. 1177/0013 916516629191

14. Pew Research Center. (2014, March 31). Many around the world see climate change as a major threat. Received from http://www. pewresearch. org/fact – tank/ 2014/03/31/many – around – the – world – see – climate – change – as – a – major – hreat/.

15. Kahan, D. M. , Silva, C. L. , Tarantola, T. , Jenkins – Smith, H. , & Braman, D. (2014). Geoengineering and Climate Change Polarization: Testing a Two – channel Model of Science Communication. Annals of American Academy of Political & Social

Science, (92), 192 – 222. doi: 10. 2139/ssrn. 1981907

16. Glaas, E. , Gammelgaard Ballantyne, A. , Neset, T. S. , Linn??r, B. O. , Navarra, C. , Johansson, J. , … Goodsite, M. E. (2015). Facilitating climate change adaptation through communication: Insights from the development of a visualization tool. Energy Research and Social Science, 10 (July 2015), 57 – 61. doi: 10. 1016/j. erss. 2015. 06. 012

17. Ibell, C. , Sheridan Simon, A. , Hill Peter, S. , Tasserei, J. , Maleb, M. – F. , & Rory, J. – J. (2015). The individual, the government and the global community: sharing responsibility for health post – 2015 in Vanuatu, a small island developing state. International Journal for Equity In Health, 14. doi: 10. 1186/s12939 – 015 – 0244 – 1

18. Papworth, A. , Maslin, M. , & Randalls, S. (2015). Is climate change the greatest threat to global health? Geographical Journal, 181 (4), 413 – 422. doi: 10. 1111/geoj. 12127

19. Weathers, M. R. , & Kendall, B. E. (2015). Developments in the Framing of Climate Change as a Public Health Issue in US Newspapers. Environmental Communication, 4032 (November), 1 – 19. doi: 10. 1080/17524032. 2015. 1050436

20. 贾鹤鹏,全球变暖、科学传播与公众参与,科普研究,2007.6

21. 郑保卫、李玉洁、王彬彬、杨柳,气候传播中政府、媒体、社会组织的互动,对外传播,2010.9

22. 郑保卫、李玉洁,论新闻媒体在气候传播中的角色定位及策略方法,现代传播,2010.11

23. 郑保卫、李玉洁,论气候变化与气候传播,国际新闻界,2011.11

24. 郑保卫、宫兆轩,从德班气候大会看中国气候传播与环保形象建构,对外传播,2012.2

25. 郑保卫、王彬彬,试论政府在气候谈判和气候传播中的主导作用,新闻与写作,2012.4

26. 王寅,《人民日报》和《朝日新闻》气候变化科学类报道新闻框架分析,科普研究,2012.4

27. 王彬彬,吕美,气候传播,应对气候变化的提速器,世界环境,2013.1

28. 张丽君,中国气候变化形象形成的国际传播学分析,华东师范大学学

报,2013. 4

29. 郑保卫,中国气候传播研究的机遇和挑战,新闻研究导刊,2013. 11

30. 李玉洁,信源、渠道、内容——基于调查的中国公众气候传播策略研究,国际新闻界,2013. 8

31. 袁瑛,媒体在气候传播中的角色及气候变化报道经验分享,新闻研究导刊,2013. 11

32. 刘涛,新社会运动与气候传播的修辞学理论探究,国际新闻界,2013. 8

33. 安东尼·莱斯维茨,气候传播的受众:美国视角下的公众认知与政策选择,新闻研究导刊,2013. 11

34. 郑保卫、任媛媛,论气候传播在生态文明建设中的作用,现代传播,2015. 1

35. 张丽娜、申晓龙,我国政府应对气候变化中的信息传播问题研究,中国行政管理,2015. 11

气候传播研究定位探析

王彬彬①

摘　要:本文通过文献综述的方法分析了气候传播与环境传播、发展传播、健康传播、科学传播、风险传播、政治传播的关系。相比六类研究领域,气候传播研究起步较晚,在定位上与六类传播领域既相关又有区别,在发展过程中吸收相关应用传播领域的养分。上述传播领域面临的共同挑战是概念还没有清晰的界定,处于不同的发展阶段,在界定时都面临跨学科尴尬。国内学者跟进这些研究方向时需要在学习、吸收的同时,注意国情差异,主动贡献更多本土视角,使这些领域真正在本土生根。

关键词:气候变化　气候传播　环境　发展　政治

"气候传播",是将气候变化信息及其相关科学知识为社会与公众所理解和掌握,并通过公众态度和行为的改变,以寻求气候变化问题解决为目标的社会传播活动。简言之,气候传播是一种有关气候变化信息与知识的社会传播活动,它以寻求气候变化问题的解决为行动目标。② 气候传播与环境传播、风险传播、健康传播和政治经济等议题的传播有何不同? 这些领域积累的经验能不能直接应用到气候传播中? 是否有必要对气候传播进行特殊的学术观照? 这是现实中从事气候传播研究的学者经常会遇到的问题。

针对这些问题,美国气候传播研究者 Susanne Moser 认为气候变化问题本身

---

① 王彬彬,北京大学国际关系学院博士后,中国人民大学新闻学院气候传播方向博士,中国气候传播项目中心联合发起人、联合国气候变化南南合作伙伴关系特别顾问。

② 郑保卫主编,《气候传播理论与实践》,人民日报出版社,2011 年.

的一些特点决定了气候传播研究定位的不同。这些特点包括气候变化缺乏可见性和即时性、气候系统的延迟性导致采取行动缺乏成就感、认知局限与技术进步之间的较量、气候变化的复杂性和不确定性、需做出改变的信号不足够及人类的利己主义等。这些原因及人类和气候之间相互作用的复杂性,使气候传播比传播环境、风险或健康问题更具挑战性(Susanne Moser 2010)。

除了 Moser 强调的原因外,本文尝试对环境传播、发展传播、健康传播、科学传播、风险传播、政治传播等与气候传播相关的应用传播领域及其与气候传播的关系进行梳理,以便更好地理解气候传播的研究定位。

第一,环境传播与气候传播。环境传播形成于 20 世纪 80 年代,最早的研究集中在美国。罗伯特·考克斯(Cox 2010)将环境传播界定为一种用于理解环境,理解人类与自然环境关系的手段。通过这种手段对环境问题进行建构,并在人与环境之间建立沟通的可能性。

气候变化在西方学者们的早期认知中被界定为环境问题。相应的,对气候变化信息的传播很长一段时间里也成为环境传播的研究内容之一。最近几年,随着气候变化人为因素的确认及气候变化问题在全球升温,气候变化超越单纯环境领域的跨学科属性逐渐被确认,对气候传播的专门研究也越来越多。不过,气候传播研究"脱胎"于环境传播,西方很多研究气候传播的学者和机构也是环境传播出身,如耶鲁气候传播中心就从属于耶鲁森林与环境学院。直到今天,气候传播研究还从环境传播中汲取着养分。比如,环境传播的研究领域已经扩展到"环境话语与修辞、媒介与环境新闻、环境决策中的公众参与、社会营销与环境倡议运动、环境合作与矛盾解决、大众文化与绿色市场中的自然表征等多个方面"。[①] 气候传播研究者受环境传播研究最新进展的启发,或借鉴环境传播的方法,在此基础上推进气候传播研究的发展。

第二,发展传播与气候传播。20 世纪 50 年代,发展传播理论在美国兴起。发展传播通过媒介来教育和影响公众,促进公众通过参与和对话来策略性地推动社会发展。发展传播重在借助知识传播来系统性干预社会进程。

气候变化归根到底是发展问题。发展传播中的一些理论在环境传播和气候传播等领域中也得以应用,最典型的是参与传播理论。参与传播理论聚焦大众传

---

① 徐迎春(2013). 绿色迷思:环境传播研究的概念、领域、方法和框架. China Media Report Overseas. 9(1),60 - 87.

播中的个人作用,人人都有被倾听的权力,也都有权力自我表达。公众被鼓励参与与自身利益相关的决策讨论。近几年,公众参与环境决策过程成为舆论热点,气候传播中的公众参与研究也受到越来越多的关注。

发展传播的娱乐教育理论在气候传播中同样有借鉴价值。娱乐教育理论重视传播方式的娱乐化,通过娱乐元素的融入,激发公众对传播内容的兴趣。近年来,娱乐教育理论在健康传播、环境传播等相关领域得以应用。比如美国人口媒体中心的宗旨是通过娱乐教育改变人们的行为,从而提升人类健康和福祉,这家中心的口号是"肥皂剧也能改变世界"。①

第三,健康传播与气候传播。美国传播学者罗杰斯认为健康传播是将医学研究的成果介绍给大众,从而提升大众对健康的认知,进而带来行为的改变。大众态度和行为改变,可以降低患病率和死亡率,有效提高生活质量和健康水平。新媒体时代,公共传播处在传播内容碎片化、人人都是传播者、社交媒体主流化等现实困境中。中国学者胡百精(2012)指出,传统意义上的传播具有单向、线性的局限性,这种局限性在传统媒体主导的时代还不是特别突出。但新媒体出现后,这种局限被放大。传统的以灌输为特点的传播机制失灵,健康传播需要适应多点交错的线上传播新特点。胡百精强调,不只是健康传播,中国整体的政治、经济、社会和文化等领域的公共传播都面临这样的挑战。

气候传播和健康传播都是以促进行动以解决相关问题为终极目标,也都面临着对传统传播模式创新的现实挑战,在现实中摸索出的方法可以互相借鉴。此外,健康传播以创新扩散、社会营销和社会学习为主要框架的研究模式及发展中的经验和教训也值得气候传播研究者学习和借鉴。

此外,气候传播的障碍之一是气候变化问题的"遥不可及",不过,研究逐渐发现气候变化对人类健康会产生各种影响,健康关系到每个人的生存状态,在气候传播中采用健康框架,可以更好地激发公众采取积极的应对行动。

第四,科学传播与气候传播。英国物理学家 J. D. 贝尔纳在 1939 年出版的《科学的社会功能》一书中专门讨论了科学传播,认为科学传播涉及科学家之间的交流、科学教育和科学普及三个方面,其目的是把科学知识从拥有者传递给接受者。中国学者刘华杰在此基础上提出科学传播有一阶传播和二阶传播,以二阶传播为重。一阶传播是对具体科学知识的传播,是自上而下的,其隐含的假设是科

---

① Population Media Center. 检索于 https://www.populationmedia.org/about-us/.

技总是无条件地对社会有益。传统意义上的科普就属于一阶传播。二阶传播弱化对知识的关注,强调科学对社会的影响。刘华杰还指出科学传播是多行为主体参与的动态的网状反馈系统。

与科学传播研究的发展过程类似,气候传播也经历了从传统科普到多元传播的过程,也是多主体参与的动态反馈系统。可以说,气候传播与科学传播有一定的交叉。但从科学传播的内容和机制来看,其关注的重心是科学知识的分享与普及。气候变化虽然属于科学知识,但气候传播的终极目标是通过提高认知来促进行动解决问题。由此,气候传播和科学传播之间也不能简单地画等号。

第五,风险传播与气候传播。风险传播起源于社会学,尤其受德国社会学家乌里希尔·贝克的影响。1986年,贝克首次使用"风险社会"的概念来描述后工业社会人类身处的社会。后工业社会的物质财富较之前的发展阶段更为丰富,但也给人类带来包括生态环境、经济、军事等诸多领域的风险。最早引起社会关注的是生态环境风险。

"风险"和"危险"并不是等同的。"危险是真实的,但风险却是一种社会建构"。[1] Covello、Zimmermann、Kasperson 与 Palmlund(1986)等学者指出,一个良好的风险传播应该具备启蒙、知情权、态度改变、合法性、降低风险、行为改变、公共涉入、参与等功能。通过风险传播,能进一步促进彼此了解,对风险有更清晰的界定。认知了风险的存在,可以变被动为主动,采取积极的接纳态度。通过风险沟通机制的建立,可以寻求降低风险的策略并采取保护性的行动。

Grabill 和 Simmons(1998)等总结了风险传播模式的三种范式,即科技主义取向、协商取向和批判取向。批判取向是在认识了前两种范式的限制后提出的,把风险传播放在现代化进程的不同情景中,强调风险的建构特性。

中国学者谢耕耘(2012)梳理了国内外风险传播研究的历史和现状,认为风险传播主要提供一种实践规范,在风险分析的基础上帮助不同领域解决风险带来的后果。最初风险沟通是为单一学科领域提供支持,现在也成为跨学科研究的应用工具。在实际使用的过程中,风险传播理论也得到发展。

气候变化是一种典型的风险,所以风险沟通也是气候传播的工具或话语框架。将风险沟通用于气候传播,可以帮助公众更准确地了解气候变化风险的确定

---

① Slovic P. (1997). Trust, Emotion, *Sex*, *Politics and Science*: *Surveying the Risk - assessment Battlefield*. San Francisco: The New Lexington Press. 277.

性与不确定性、相关应对原则及主动应对的效果。认知是行动的前提,在认知风险的基础上,带动参与和行动。当然,气候变化并不只有风险沟通一种话语框架,健康、政治、环境、发展、科学都是气候传播可以选用的框架。

第六,政治传播与气候传播。布赖恩·麦克奈尔的《政治传播学引论》对政治传播做了定义,即所有有关政治的传播都是政治传播。布赖恩认为,政治传播是有目的的。政治传播的研究领域包括政治信息、新闻媒体、公共舆论和新媒体等,其基本理论有政治修辞理论、议程设置理论、沉默的螺旋、劝服理论等。气候变化涉及国际和国内政治,国际关系更是考量全球气候治理的重要视角。不过,完全把气候变化理解为政治学范畴,容易限于"阴谋论"的泥沼,而忽视了气候变化本身的科学性。

表1　六类气候传播相关的应用传播领域的对比分析

传播领域	缘起时间	发源地	研究领域	主要理论
环境传播	20世纪七八十年代	美国	环境话语与修辞、环境决策中的公众参与、环境合作与矛盾解决、风险传播、大众文化与绿色市场中的自然表征、媒介与环境新闻、社会营销与环境倡议运动	意义阐释、符号学、话语分析及传播学相关理论
发展传播	20世纪50年代	美国	传播发展问题、信息传播新技术与社会变迁、社会运动与传播、传播与可持续发展及其相关问题	现代化理论(创新扩散)、批判性理论、权力传播或自由传播理论(参与传播理论、娱乐教育理论)
健康传播	20世纪70年代	美国	与提升健康水平相关的社会营销、健康促进运动;与疾病诊疗相关的医患沟通、医疗技术推广;与风险传播相关的风险健康信息传播	两级传播、创新扩散、说服传播、社会营销、社会学习
科学传播	20世纪30年代	英国	科学知识的传播过程和传播机制	传播学相关理论
风险传播	20世纪80年代	美国	基于理论探索和实践规范的风险沟通研究、基于传播者和受众的主体研究、传播机制研究、公众认知研究等	风险社会理论及相关心理学、管理学理论
政治传播	20世纪20年代	美国	政治活动中的政治信息、新闻媒体、公共舆论、新媒体等	政治修辞理论、议程设置理论、沉默的螺旋、说服理论

通过回顾并比较上述应用传播领域的研究,主要有如下发现:

第一,相比六类研究领域,气候传播研究起步晚,在定位上与六类传播领域既相关又有区别,在发展过程中吸收相关应用传播领域的养分。正如对气候变化的研究有不同的视角,不能简单地把气候变化理解为单一学科问题一样,不同的传播领域有其各自的研究领域和特点,对气候传播进行特殊的学术观照还是有必要的,简单建立从属关系容易抹杀各自领域的发展潜力。

第二,上述传播领域面临的共同挑战是概念还没有清晰的界定,处于不同的发展阶段。这些领域的理论框架还处于搭建中,方法论还待研究,尚未形成独立的学科,只是不同研究领域的应用传播。现阶段,各领域的研究重点应是实证研究的积累和跨学科研究的尝试,不必急于建构理论体系和研究框架来束缚自己。

第三,上述传播领域在界定时都面临跨学科尴尬,以政治传播为例,有政治学本位和传播学本位两种界定趋势,两者之间缺少视界融合,也缺少跨学科研究方法的引入。气候传播涉及政治、经济、社会、环境、发展等领域,如果想做深入研究,应在注意气候科学和传播学的视界融合的基础上,加强跨学科研究方法的引入、借鉴,以互相验证。

第四,气候传播和上述相关传播领域均发源于欧美,其中以美国居多,从建构主义的视角来看,其研究发展过程中不可避免要考虑本国的政治、经济和社会因素,即我们通常所说的"国情"。国内学者跟进这些研究方向时需要在学习、吸收的同时,注意国情差异,主动贡献更多本土视角,使这些领域真正在本土生根。

参考文献

[1]SussaneC. Moser(2010). Communicating climate change: history, challenges, process and future directions. Wiley Interdisciplinary Reviews: Climate Change, (1).

[2] Cox, Robert (2010). Environmental Communication and the Public Sphere. London: Sage Publications.

[3]胡百精(2012). 健康传播观念创新与范式转换——兼论新媒体时代公共传播的困境与解决方案.《国际新闻界》,(6).

[4]Covello, V. T., Slovic P. & Von Winterfeldt, D. (1986). Risk Communication: a review of literature. Risk Abstracts, 3(4).

[5]谢耘耕(2012). 风险沟通研究的进路,议题与视角.《新媒体与社会(第三辑)》,(11).

[6]郑保卫,王彬彬,李玉洁(2010).《在气候传播中实现合作共赢——后哥本哈根时代中国政府、媒体、非政府组织角色及影响力研究》.载郑保卫(主编),《新闻学论集第24辑》.北京:经济日报出版社.

[7]郑保卫主编,王彬彬,李玉洁副主编(2011).《气候传播理论与实践》.北京:人民日报出版社.

[8]郑保卫,王彬彬(2011).《中国政府、媒体、社会组织气候传播策略技巧评析》.载郑保卫(主编),《新闻学论集第27辑》.北京:经济日报出版社.

[9]郑保卫,王彬彬(2013a).中国城市"四类低碳人"的媒体传播策略研究.《国际新闻界》,(8).

[10]郑保卫,王彬彬(2013b).中国气候传播研究的发展脉络、机遇与挑战.《东岳论丛》,(10).

气象传媒品牌化发展的探索与思考

潘进军①

摘　要: 品牌是提供者和社会的一种无形资产,气象传媒品牌对提升气象工作与气象服务的社会地位和作用具有重要意义,美国天气频道、德国天气在线以及中国的气象报道,都在气象品牌的塑造中,提升了气象服务的影响力和效益。塑造有较强影响力的气象传媒品牌,加强媒体合作是扩大气象传媒品牌知晓度的重要途径,在这个过程中,需要提升品牌的核心竞争力,参与社会化竞争,注重现有资源的利用,并且将气象传媒品牌作为一项系统工程,结合媒体生态环境的变化,持之以恒地打造和创新。

关键词: 气象传播品牌　媒体合作　品牌竞争力

一、品牌的定义和价值

在国际商业管理类的词典中,品牌是这样被解释的:"一个名称、标志或象征,可以用来界定销售主体的产品或服务,以使之区分于竞争对象的产品或服务"。品牌同时也因消费者对其使用的印象以及自身的经验而有所界定这一定义成为比较权威的定义。

品牌具有优质的产品或服务的独特性,具有广大的用户群和很高的用户认同感、忠诚度;象征着产品提供者的信誉、美誉度以及对用户的承诺,对受众的思想意识和生活方式起着潜移默化的影响;品牌是提供者和社会的一种无形资产。

---

① 潘进军,中国气象局公共气象服务中心副主任、中国气象局气象影视中心主任,正研级高工。

二、气象传媒品牌在公共传播中的作用

气象传媒品牌对提升气象工作与气象服务的社会地位和作用具有重要意义,发展和建立气象传媒品牌有利于提升气象服务的影响力和效益。

气象服务与社会生产及公众生活息息相关,服务质量直接影响着社会公众的生活质量。气象传媒品牌作为公共气象服务的重要社会化传播平台,能够向用户对象提供和发布权威的气象服务信息,建立稳定的国家权威气象机构的气象服务用户群,提高气象服务社会覆盖面和影响力,提升政府服务机构的良好社会形象。

当今世界各国都把做好社会公共服务作为政府的重要职能。公共事业变得越来越被"挑剔",服务功能已开始由面向大众的普适性逐步向精准、个性化转变。为了在公众心目中树立自己独特的形象,发展公共服务品牌显得格外重要。气象传媒品牌以其蕴含的独特价值,即媒体在气象信息传播中的附加价值,为社会公众带来实质需求满足的同时,也带来更多的心理和情感满足,可强化社会公众对气象信息使用价值及气象科普传播价值的认识。

三、国内外部分代表性气象传媒品牌

(一)美国天气频道

美国天气频道(The Weather Channel)成立于1982年,初期专注于7×24小时电视网络的天气预报,后成为拥有有线电视频道、网站、广播电台服务和天气数据服务的多维气象服务媒介。经过30多年的发展,美国天气频道目前在全美45个有限频道中收视满意度名列榜首,入户率第一,综合排名第二。1995年推出的独立网站美国天气网(www. weather. com),也已成为全球排名第一的气象类网站。

在品牌的塑造过程中,美国天气频道坚持以下几点:一是注重信息的准确性,尽可能多地掌握天气信息资料、卫星资料、雷达资料等,在电视频道中每天提供17次最新的预报,通过日复一日的高质量服务赢得了公众认可;二是注重用户的相关性,在美国天气频道所有的节目和产品中,注重大众化、通俗化,并通过网络等各种渠道,与用户开展互动,增强用户对于品牌的忠诚度。

(二)AccuwWather

AccuWeather 为世界级气象服务品牌之一,它成立于1962年,其业务涵盖电视台、电台、报纸、手机、网站等载体的气象服务,其旗下的网站(www. accuweather. com)在气象类网站中排名第二。

正如其名,它的创始人知名气象专家麦尔斯最在意的是预报内容的准确度,精准的天气服务是 AccuWeather 在品牌打造过程中的法宝。过去美国几乎只有国家发布气象预报,AccuWeather 的出现则打破了这个惯例。

AccuWeather 目前拥有最大数量的预测气象数据,依托雄厚的技术积累和气象资源,不仅为个人和小型企业提供套餐类产品,同时为大型企业提供定制化服务,它在世界范围内拥有超过近 20 万涉及传媒、商业和政府等行业的付费用户。

（三）Weather Underground

Weather Underground 隶属于美国 The Weather Company,旗下 www. underground. com 网站以各类地图、雷达图、海洋图、预报图、照片服务体验为主,用户可以在个人中心自助定制旅行线路计划和沿途天气信息预报服务。这些特点使得 Weather Underground 成为目前全世界最大的个人气象站网络。

（四）德国天气在线

在国内,德国天气在线的品牌知晓度高,其中文网站曾经一度占据中国网络气象服务市场的鳌头。

天气在线网站是德国天气在线亚洲有限公司所属的专业气象服务网站,2000年开始提供中文气象信息。天气在线的品牌经营理念是通过海量气象信息、精细的服务产品、准确的天气预报来博得客户的喜爱和信任,因此,"专业化"是其非常看重的品牌形象,也是重点打造的品牌特征。

天气在线公司拥有自己研制的预报模式,除了向广大用户提供全球 10000 多个城市（包括中国 2500 多个县、市）的滚动 14 天天气预报及 5000 多个城市的历史气象资料外,为专业人士提供高水准的专业图表资料也是天气在线的主要特色之一。此外,它还推出分级别的会员服务和商业服务,根据用户的不同需求,提供付费气象服务产品。

（五）《新闻联播天气预报》节目

《新闻联播天气预报》节目是中国气象局对外提供气象服务的重要窗口,1980年 7 月 7 日开播,在央视的收视率排名中常年占据榜首,是国内知晓度最高的公众气象服务品牌,同时也是世界上收视观众最多的栏目之一。

《新闻联播天气预报》从最初简单的字幕播报到有主持人的精彩讲解;从开始只有一天的天气预报信息到现在发布更长时效的天气形势分析与具体预报;从单一的预报实况信息到多种图文并茂气象信息的集合与解读;从 12 个主要城市的预报到 34 个省会、直辖市、特别行政区以及其他重点城市的预报。经过气象人与电视人 30 年的努力,《新闻联播天气预报》栏目采成为今天这样无可替代的气象服务知名品牌栏目。

(六)中国气象频道

中国气象频道成立于 2006 年 5 月 18 日,是一个 24 小时全天候的专业气象发布平台,它的开播也使我国成为少数几个拥有气象专业频道的国家之一。截至 2016 年年底,中国气象频道覆盖 1.25 亿数字用户、4.8 亿人口。

中国气象频道成立之初就非常重视品牌的塑造,建有独立的标识系统,并将频道定位在向公众提供精细化、专业化、实用性的气象信息服务上。在具体的策略上,一是以天气预报和新闻节目为主,全天高频次滚动播出最新气象信息,内容随时更新,旨在塑造品牌专业化的形象;二是提供本地化、细分化的气象内容,通过地方合作的形势,使不同省区的观众在某一时段收看到的是本地的气象信息,另外,针对细分人群,将气象信息结合到居家、旅游、交通、健康等方方面面;三是以重大天气气候事件跟踪报道和气象新闻为频道的特点和亮点,事实证明这一点确实在品牌塑造过程中起到了很好的作用。中国气象频道不仅追求灾害的现场展示,还充分利用自身的专业资源,科学揭示天气背景、影响程度、演变规律等,并通过气象预报和信息处理现场、各地专家连线、气象信息发布等,营造更为真实、权威的现场感。这也成为其有别于其他电视媒体天气新闻报道最具特色的核心优势。

(七)中国天气网

中国天气网是中国气象局公共气象服务门户网站,2008 年 7 月 28 日正式上线运行,目前全年日均浏览量 2600 多万页,页面浏览量于 2016 年 1 月 22 日达到创历史纪录的 6039 万页,位列国内服务类网站之首,在国际气象网站中排名前列。

准确及时是中国天气网品牌的第一诉求,数据的快速、稳定和可靠成为中国天气网最为核心的竞争力。原创气象资讯服务也是中国天气网的品牌特色之一,尤其在重大天气、气候事件发生时,依托丰富的专家资源,天气网的原创解读和专家访谈也受到媒体和公众的大量关注。

四、塑造气象传媒品牌的策略分析

(一)加强媒体合作是扩大气象传媒品牌知晓度的重要途径

气象信息,尤其是气象灾害,往往是主流媒体关注的焦点话题。与主流媒体的信息合作,借助其平台的影响力,提升自身品牌的知晓度,是气象传媒品牌塑造过程中要采取的策略与途径。央视公共频道气象节目、中国气象频道在灾害直播报道中,常采用与中央电视台、凤凰卫视连线的方式,将频道的专家和记者推向公众,同时也树立了自身在气象灾害报道中的权威角色。

中国天气网针对互联网的特点推出了有效的合作方式:一是采用共建天气频道的方式与多家大型网站签署合作协议,依托大型网站庞大的用户及品牌影响力,为气象灾害预警信息提供了更多的传播渠道;二是面向国内众多中小型网站,采用天气服务插件的方式,有效地扩大了天气网网络服务的覆盖面。

(二)塑造气象传媒品牌的独特性是提升品牌核心竞争力的关键

独特性是一个品牌的核心。制定品牌战略方针的核心任务就是要将品牌的独特属性确定下来,并使之传播出去,让目标用户感觉到品牌的"与众不同"。

塑造品牌独特性最有效的办法就是寻求品牌差异性,也就是在细分用户中,要比其他品牌更能满足特定用户的特殊需求。这也要求品牌的塑造要从对目标用户的需求研究做起,真正理解客户需求,满足客户需求。例如,当用户在任何一个地方都可以方便地获取七天之内的天气预报信息时,如果我们的服务产品还停留在主打七天天气预报服务产品,就丧失了品牌的独特性,难免会造成大量的用户流失,品牌建设便无从谈起。所以,集中优势力量做好品牌专业化才有可能有所突破,有所"独特"。

(三)社会化竞争是促进气象传媒品牌发展的动力

对于一个产品而言,存在竞争往往会使生产者感到威胁,而产生不希望竞争的心理状态。然而我们看到繁荣的市场往往是有两个或多个品牌的。只有存在竞争才使得这个品类得以繁荣发展。

同样反观气象传媒品牌发展环境,每个社会媒体提供的气象服务都是挑战,同时也是动力。我们应该正视这样的竞争,不要奢求在市场中成为唯一的生存者,而是要不断提升自身品牌的产品质量和服务优势,在竞争的大环境中得到公众认可。

(四)注重现有资源利用是加快打造气象传媒品牌的有效捷径

一是利用好现有的气象主持人资源。气象主持人的知名度和影响力可以带动公众对品牌的持续关注,气象主持人除在电视频道主持节目之外,如果能在网络和手机平台上与公众形成良好互动,可以增强品牌的活力,反过来也能扩大气象主持人自身的知名度。

二是利用好现有的气象视频资源。例如,气象频道拥有大量的原创视频资源,目前这些视频资源尚未能在新媒体有效使用,视频资源直观生动,可增强气象传媒品牌的核心竞争力。

三是充分利用气象专家资源。气象部门拥有一支专业气象队伍,在对天气事件的分析和数据挖掘上,具备一定的专家解读能力,利用好这种独有的专业资源,将大大促进品牌的发展。

(五)气象传媒品牌需要持之以恒打造

品牌的塑造并非一蹴而就,强大的品牌发展是需要时间的。沃尔沃将安全作为品牌优势已经销售了35年,美国气象频道品牌也走过了四十多年的发展历程。

在打造品牌之初,就要有一个长远的品牌塑造方案,更重要的是坚持品牌方案的落实,可以先瞄准一个领域做深做透,不能急于求成。

气象传媒品牌的塑造是一个系统工程。我们不仅要从节目的内容上、制作方式上、营销方式上进行创新,还要结合当今新媒体的发展态势和媒介生存环境的变化,在传播方式上进行探索。

发挥民间组织作用　参与全球气候治理

黄浩明　　王香奕　　许潇潇　　陶棋然①

摘　要:本文通过中国国际民间组织合作促进会在推动气候变化领域的能力建设、政策研究和国际交流实践,指出在未来全球气候治理的进程中,要加强民间组织的能力建设,增加中国民间组织在全球气候治理中的话语权,提升中国国家软实力。

关键词:民间组织　国际合作　气候教育　气候适应　公民参与

2017 年 3 月 9 日,环保部部长陈吉宁在"两会"答记者问时提到,在部署 2017 年环保工作的时候,专门把环保的宣传教育作为核心工作。陈部长在回答一个关于教育的问题时提到:"教育是一个养成的过程,是一个长期的过程,不是今天上一课,明天就能解决的问题,需要我们持之以恒,特别要从儿童抓起,从孩子做起。"②

中国国际民间组织合作促进会(以下简称民促会)成立 25 年来,致力于加强与国内外民间组织、企业、政府和热心公益事业人士在社会发展、扶贫济困、环境保护和公民社会互动方面的交流与合作。民促会聚焦气候变化领域,利用中国民间气候变化行动网络平台,推动气候变化领域的能力建设、政策研究和国际交流,

---

① 黄浩明,中国国际民间组织合作促进会理事长,研究员;王香奕,中国国际民间组织合作促进会秘书长助理兼国际部主任;许潇潇,中国国际民间组织合作促进会项目部副主任;陶棋然,中国国际民间组织合作促进会培训部副主任。

② 环境问题的解决需要技术和理念共同进步,中国环境观察网,http://www.zghjgc.com.cn/viewnews.asp? id =5103.

提高社会组织协同合作的能力,提出民间组织参与全球气候治理。

一、通过国际合作渠道　推动气候变化教育

环保宣传教育是一项长期的系统工程,需要社会各界为之贡献力量。环保社会组织在这方面有专长并一直在努力推动。中国民间气候变化行动网络作为独立的中国网络与国际气候行动网络开展交流与合作,在联合国气候变化大会期间,通过举办边会和组织中欧、中非等双边交流,将中国环保社会组织应对气候变化的经验传播到国际社会。民促会还通过向联合国气候变化框架公约秘书处提交"中国民间气候变化行动网络致联合国气候大会立场书"的方式,传递中国社会组织的声音,助力国家总体外交。[①]

民促会通过国际合作渠道,于2012年启动中国气候变化教育项目,一期项目为期三年(2012—2015),通过教材开发、教师培训、学校竞赛、政策建议等系列活动,推动气候变化教育进课堂。一期项目教师培训覆盖15座城市,来自449所学校的810名教师参与,参与式、体验式的教学方式,将抽象的气候变化知识通过生动的情景模拟、环保小游戏等传授给参加培训的教师,调动了学习者的能动性和行动力。[②] 值得一提的是,在该项目的支持和引导下,黑龙江853农场清河中学在初中一年级开设了气候变化教育课程。

民促会在该项目下还开发了绿色会议平台,比如在项目启动会上,通过对参会者的交通、住宿、用餐以及会场用电情况进行统计,核算出整个会议的碳排放量,从而在碳中和方面提出行动建议。二期项目于2016年启动,将在9座城市继续开展教师培训、学校竞赛、政策对话、国际交流和媒体工作坊等活动[③]。

新形势下,民促会将继续发挥自身组织优势和中国民间气候变化行动网络优势,在推动气候变化教育进课堂的基础上,通过学生带动家长和社区的参与。使每个人都从自身做起,从践行低碳生活方式做起,形成应对气候变化的强大力量。

二、通过气候变化调研　提升公众参与意识

2012年民促会得到英国广播公司媒体行动基金的支持,参与了亚洲7个国家

---

① 中国国际民间组织合作促进会2015年度报告,中国国际民间组织合作促进会,http://www. cango. org/about. aspx? id = 8.

② 同上。

③ 中国气候变化教育项目(二期)启动,新华网,2016年5月30日,http://news. xinhua-net. com/gongyi/2016 – 05/30/c_129027598. htm.

关于中国部分的气候变化调研项目。① 该项目通过收集分析公众对气候变化的看法，了解社会各阶层不同群体的环保意识和理念，并结合实地调研，走访不同生态环境地区，以问卷调查、访谈等形式调查社会不同领域公众的环保意识和理念，旨在深化人们对气候变化的理解，并促使他们积极参与应对气候变化，提升公众参与意识。项目活动分为深入访谈、地区考察和问卷调查三部分。

通过不同层面的深入访谈，尤其选择政府、企业、媒体、学术领域、社会组织等不同类型的 30 名代表作为采访对象，进行一对一的深入访谈。地区考察是选择调查问卷覆盖不到的 9 个偏远地区同时参考地形特点进行选址，对当地进行生态、生活环境的实地考察，通过与当地居民进行半结构访谈了解气候变化对该地区居民生产生活的影响。同时，还在京津冀、四川和广东的城市和农村地区，参考受访对象均衡的性别比例和年龄层分布开展一对一的问卷调查，有效的调查问卷共计 5750 份。问卷内容包含公众家庭成员基本情况、整体价值观、在气候变化方面对问题沟通体制机制等的认知、意识，等等。

通过报告我们看出样本地区的受访对象与其他六个国家（孟加拉国、印度、印度尼西亚、尼泊尔、巴基斯坦和越南）的受访对象在对气候变化的认知程度方面没有太大差别，比如，都注意到了气温升高、突发降雨频次以及极端天气频次的增加，但是各国所采取的应对方式和对政府的信任程度是不一样的。

总体而言，中国样本地区的受访者积极采取行动的应对人数达 40%，而亚洲样本地区中该平均人数为 23%；在提高能源使用效率方面，中国样本地区有 89% 的人认为他们正在提高能源使用率，同时也认为这也应该是政府的重要工作内容，而在亚洲样本地区该项人数为 74%，也并没有体现出该项与政府工作之间的关系。研究还发现，亚洲七个国家的样本地区受访对象认为采取行动应对气候变化，除了要有政府的支持以外，还有两个主要的推动因素：一个是与社会组织的合作，另一个是能够获取到相关信息。

中国样本地区受访对象认为，他们通过一定渠道获取到信息并参与到当地社区社会组织的活动中，用行动应对气候变化问题的人数为 43%，而亚洲地区该项人数为 64%。而获取相关信息的渠道、媒体技术运用的受众群体之间的交流互动，也对人们采取积极行动应对气候变化起到推动作用。我们通过项目的研究和

---

① 中国国际民间组织合作促进会项目报告－2013，中国国际民间组织合作促进会，http://www. cango. org/about. aspx？ id＝8.

分析,能为国家政策建议和应对措施提出建议和方案,同时也为进一步的项目执行提供了参考。

三、通过农村社区实践 研究气候适应规律

2015 年民促会得到了德国粮惠世界的项目支持,在山东省和内蒙古自治区开展了中国农村气候变化适应项目,通过设施建设、技术培训、意识提升和能力建设,逐级递进地在农/牧社区引进气候变化适应方法,帮助农牧民增收创收的同时,在社区层面推广普及气候变化、环境保护、健康卫生、垃圾处理、灾害预防与管理等知识,形成气候适应的基本规律。目前项目支持的农业设施建设已基本完成,包括在山东试点村建设供水灌溉系统引水上山,建设 20 座藕池、3 户沼气池、1 座蔬菜大棚,由农户承包,合作社统一管理;在内蒙古试点村建设 22 处棚圈、2 处青贮窖,未来将打造"可持续生活示范户",即暖棚 + 庭院冷棚蔬菜种植 + 饲料青贮 + 卫生厕所 + 绿肥的生态经济模式。同时,该项目在两地开展气候适应型农业技术培训,气候变化、环保、健康卫生意识提升培训,应对气候灾害能力建设培训等,并组织牧民到周边专业合作社考察,活动已覆盖试点村农牧民 400 人次。[①]

民促会的项目设计是,通过在提供硬件支持的基础上,同步提高当地农牧民的气候适应意识和减灾防灾能力,尝试增强农村社区的自我发展内力,支持基层气候适应探索和社区综合可持续发展。项目开展至今已在当地获得积极的经济与社会效益,以较先开展项目的山东试点村为例:得益于项目下建设的灌溉系统,2015 年全村的桃树种植并未像相邻村镇一样受到大面积的干旱影响,保证了高产量,某农户仅卖桃收入已达 70 万元;项目设计框架为当地政府实施精准扶贫提供了思路,政府扶贫规划也借鉴项目下的做法为其他村镇的贫困农户建设藕池;蔬菜大棚为试点设施,项目下仅支持建设 1 座,村里结合国家精准扶贫政策,成功撬动政府资金支持和村民集资,在原来的基础上增建了 6 座大棚,预计单个大棚年纯收入至少达到 5 万元。

通过民促会的项目实施,为试点农村带来了切实可观的双重收益,因此也得到了当地政府的大力支持,政府实施了一系列的配套活动,例如,组织农民技术培训,开展气候变化专题座谈,为沿河藕池修整河堤,鼓励农民发展生态农业,计划

---

① 中国国际民间组织合作促进会 2015 年度报告,中国国际民间组织合作促进会,http://www.cango.org/about.aspx? id = 8.

为项目试点农户在房顶安装光伏太阳板,以绿色能源带动当地能源结构调整,进一步改变农村生活方式,等等。从可持续的角度,民促会希望通过项目建设和各类配套活动,开展以农牧社区为基础、以增收和生态环境保护为目的的气候变化适应试点,为当地社区的综合发展和气候适应探索提供发展思路。

四、发挥民间行动优势 研究《巴黎协定》特点

2015年12月13日巴黎气候大会正式闭幕,来自中国的多家社会组织参与了此次大会,见证了《巴黎协定》通过的历史时刻。《巴黎协定》是人类应对气候变化史和全球治理历史上的重要里程碑。两周的谈判,承载的是过去六年中全球气候治理进程从拯救多边进程、重塑政治互信到重建机制设计持续推进的最终成果。《巴黎协定》是民间行动的重要机会,主要体现在以下四个特点:

第一,《巴黎协定》是一座桥梁,连接,发达国家与发展中国家,连接旧的气候秩序与新的气候秩序。《巴黎协定》也是新的起点,为缓解气候变化的实际行动带来积极的希望。

第二,《巴黎协定》是全体缔约国通过的具有法律约束力的国际协议,并将气候公正、人类权益、妇女权利、减贫灭贫、食物安全、代际公平等议题纳入其中,考虑到了最脆弱的地区。

第三,《巴黎协定》明确提出了将升温控制在远低于2摄氏度范围内,并向1.5摄氏度努力,同时要求全球温室气体排放尽快达到峰值、并在21世纪下半叶达到温室气体净零排放的目标,这意味着人类最早将在21世纪中期结束对化石能源的依赖。

第四,《巴黎协定》之后有不可预测的变化,形成不尽如人意之处。尤其美国2016年大选之后,新总统特朗普必将改变奥巴马时代气候变化的不少承诺和政策;因此,民间组织应该不言放弃,继续努力,确保《巴黎协定》能够在其轨道上良性运营。

民促会特别重视《巴黎协定》的影响和民间力量的作用,积极推动中国的民间组织参与全球气候治理的进程,不断摸索和学习,民促会通过其建立的中国民间气候变化行动网络(CCAN),从2007年巴厘岛谈判开始到2015年的巴黎大会,再到2016年的马拉喀什联合国气候大会,共参加了13次会议。10年来,派出20家民间组织的86名代表参加和见证了气候变化谈判的起伏跌宕,总结出民间力量参与全球治理的规律,这些规律为民间组织有效开展行动发挥了重要的指导

作用。

五、积极拓展行动范围　参与全球气候治理

《巴黎协议》的签订,并不是应对气候变化行动的结束,而是应对气候变化行动的开始。在未来全球气候治理的进程中,中国民间组织扮演什么样的国际角色,值得研究和深思。我们期待主要从以下五个方面开展工作:

第一,助力中国政府建设低碳社会,推动公众参与和行动。《巴黎协定》意味着新行动的开始。尤其是如何落实"十三五"发展规划,是中国迈向生态文明、低碳发展的关键一步,借着国际减排共识的东风,中国可以加快前进的步伐。建议加大力度,在"十三五"规划实施过程中,主动控制煤炭总量、促进可再生能源的大比例利用,并开展全国范围的碳排放总量控制尝试。这会加速对空气污染的有效治理,协同效应潜力巨大。建立低碳社会,不仅是政府的责任,也是民间组织的重要义务之一,如何倡导公众参与推动绿色出行,共建低碳家庭,改变生活方式,可以发挥民间组织的作用和优势。

第二,加强与国际民间组织在中国的合作,推动贫困地区的适应工作。众所周知,应对气候变化的问题,不仅是环境的问题,更重要的是发展的问题。同时,应进一步明确国家气候变化适应战略的落实,尤其在贫穷地区的适应工作。在扶贫过程中应充分考虑气候变化带来的影响,将适应、减缓和减防灾的视角纳入国家扶贫战略规划和实施中。

第三,推动中国环保民间组织走出去,开展气候治理的国际合作。由于人口、经济体量、碳排放和能源消耗的总量巨大,中国在全球气候治理中有着举足轻重的战略影响。在促成《巴黎协定》的过程中,中国发挥了不可或缺的关键的建设性作用。中国按时提交的国家自主贡献(INDC)目标和关于碳减排的承诺,为许多国家做出了积极的榜样,为发达国家、发展中国家之间在巴黎找到共识空间搭建起沟通的桥梁。尤其是中国现有 7433 个生态环境类组织①,倡导 100 家环保民间组织走出去,与发达国家和发展中国家开展民间气候对话、交流和合作。

第四,鼓励青年参与应对气候行动,推动发展中国家民间组织的能力建设。

全球气候治理过程中,在南南合作方面的承诺也有待更细节地落实,让有需

---

① 2015 年社会服务发展统计公报,民政部,http://www.mca.gov.cn/article/sj/tjgb/201607/20160700001136.shtml.

要的发展中国家的最贫穷脆弱人群真正受益。特别是青年人,宣传气候变化相关的知识,鼓励中国青年积极参与应对气候变化的行动中,培养青年人在应对气候变化方面的行动力和领导力。中国本土的环保组织与部分在华的国际环保组织,在推动中国环保组织的能力建设方面取得了长足的进步,积累不少经验和教训,摸索和建立了应对气候变化的成功实践和方案,而这样的实践对发展中国家有重要的启示和推广价值。因此,中国的环保民间组织有责任参与发展中国家民间组织的能力建设,推动南南合作事业的全面落实。

第五,建立具有中国元素的国际民间组织,积极参与联合国的各项活动。截至 2016 年 9 月,中国拥有联合国经济社会理事会咨商地位的组织仅有 56 家,而美国达到 950 家,是中国的近 19 倍,印度达到 197 家,是中国的近 4 倍,这与中国作为全球第二大经济体不相适应。因此,政府应鼓励中国民间组织参与联合国活动,争取有更多的民间组织获得参与联合国经济社会理事会的咨商地位,同时积极努力,建立具有中国元素的国际民间组织参与全球气候变化治理事务,有效配置民间组织的社会资源,为全球气候治理做出贡献。

总之,后巴黎时代,中国民间组织参与全球气候治理,既拥有机会,也存在挑战。新形势下,民促会将继续发挥自身组织优势和中国民间气候变化行动网络优势,在气候变化教育进课堂的基础上,通过学生带动家庭和社区参与,使每个人从自身做起,从践行低碳生活方式做起,形成应对气候变化的强大力量。此外,我们也期待中国的环保民间组织在推动中外气候应对和适应进程中发挥更大的作用,为中国民间组织参与全球气候治理谋一席之地。

气候变化传播:历史、挑战、进程和发展方向[①]

[美]Susanne Moser[②] 著　赖晨希[③]译

摘　要:自从人为造成的气候变化最早于20世纪80年代中后期出现在公共议程中,针对气候变化的公众传播以及如何最有效地进行气候传播的思考就一直受到广泛关注。本文就关于如何有效进行气候传播的已有知识、假定及尚不清楚的问题进行了梳理。首先介绍性地回顾了气候传播的历史,其次讨论了传播气候变化这一概念所面临的挑战,如不可见的起因、遥远的影响、缺乏对影响的直观感受、缺少采取减缓行动的动力、怀疑人类活动的全球影响、气候变化的复杂性和不确定性、做出改变的信号不充分、知觉限制及利己主义等。本文重点关注传播进程中的关键要素,如目的、传播范围、受众、框架、信息、传播者、传播模式和渠道、对结果和传播有效性的评估等。这些要素和一些影响传播进程的语境因素息息相关。最后本文对今后气候传播研究的发展提出了建议。

关键词:气候变化传播　发展历史　挑战　关键要素　影响因素　发展方向

---

① 本文英文原文刊发于 Wiley Interdisciplinary Reviews:Climate Change 2010 年第 1 期,此中文翻译版本已获作者及英文出版者的授权。

② [作者简介] Susanne Moser,女,博士,美国加州圣克鲁兹 Susanne Moser 研究咨询所所长及首席专家,美国斯坦福大学伍兹环境研究院研究员,美国加州大学圣克鲁兹分校海洋科学研究所研究员,国际知名气候传播研究专家。

③ [译者简介]赖晨希(1992—),女,英国伦敦政治经济学院国际政治经济学专业硕士研究生。

真理和正义自然比他们的对立面强一些。①

——亚里士多德(摘自《修辞学》第一卷,公元前 350 年)

大约 2300 年前,古希腊的两名智者正在就公共传播的相关价值及适当形式进行辩论。其中一人,柏拉图,偏向于一对一的对话,以阐明重要问题并系统地辨认真理,从而由此获益。他极其不喜欢那个时代的公众演说家,认为他们无耻地操纵大众,不关心真理,只想说服大众。他的学生亚里士多德则恰恰相反,他没有反驳苏格拉底式对话的重要性,但也看到了知识分子向普通公众进行传播的巨大潜力,而且他相信这件事在伦理上是可能的。他认为这样的说服需要的是演讲者的道德魅力、受众被激发的激昂情绪以及逻辑严谨、内容真诚的演讲措辞。无论如何,时间会揭示什么是真理和正义,将诚实的演讲从虚伪的对立面拯救出来。②

在世纪之交,研究人员认为气候变化是这个时代最让人担忧的问题之一。关于这一问题的传播随处可见,争夺公众和政策制定者的注意力。研究者试图让我们意识到这一问题的紧迫性,以及采取行动的必要性,但是,仍有一些人用歪曲的或完全失实的内容试图说服人们怀疑气候变化。以人类目前对地球生态系统的地质方面的影响程度而言③,等到气候变化的重大影响完全展现出来再评判谁的论断是正确的,恐怕并不理性、不明智,也是不道德的(根据预防原则来说)。

现在,我们关注的焦点应该放在如何传播气候变化这个全球问题上,虽然其确定性和直接影响不如其他更常见的问题,却远比之前的其他挑战更有深刻的含义。根据现有的科学认知,气候变化会破坏许多物种赖以维持生命的系统,甚至显著地减少人类的数量,并为社会体系带来意义深远的改变、挑战和危害。此外,还需要充分合理地应对空前的合作,艰难的权衡和政策创新、新技术、新的思维方式和行为带来的各种挑战。本文关注的焦点就是如何有效传播与气候变化这个重要而复杂的问题相关的已知事实、既存假设和未知可能。

---

① 译文摘自亚里士多德《修辞学》,罗念生译,上海人民出版社 2007 年版,译者注
② Aristotle. 2008 (350 B. C. E) Rhetoric. FQ Publishing. ISBN: 1599865661.
③ Crutzen PJ, Stoermer EF. The "Anthropocene". IGBP Newsletter 1999, 41: 17 – 18.

一、气候变化传播的历史

自从人为造成的气候变化最早于 20 世纪 80 年代中后期出现在公共议程中，针对气候变化的公众传播以及如何最有效地进行气候传播的思考就一直受到广泛关注。早期的传播视角较窄，更多关注科学发现和对政府间气候变化专门委员会(IPCC)定期发布报告等问题的综合报道，有时候也报道极端气候事件，以及高级别会议或者政治峰会。[①] 但很快人们发现，气候变化的影响可能在世界各地无处不在。如果全球气候变化的严重后果确实像许多科学家所预测的那样，减少温室气体排放和限制产生碳排的土地使用将成为迫切的法律要求。许多与维持高碳排放有直接利益关系的代表(如矿物能源企业)会站出来，不承认气候变化的事实，否认减排政策的必要性。他们会雇用信誉度不高、资质不足的科学家和别有企图的智库，利用大众传媒的传播扩散效应有意误导舆论，并通过游说政治家故意给公众制造在气候变化问题上科学认识不足、缺少科学共识等印象，从而言之凿凿地扭转公众对全球气候变暖诸多证据的解读。当然，也有人坚持相信不断出现的证据及严重影响带来的危机感，从而肩负起了重任，提升公众意识，加强公众理解与参与，倡导政策改变。大众传媒作为输出端，长久以来被"平衡"规范所束缚，对以上两者的观点都进行了报道，通过报道这两方观点间尚未明确的科学交锋，帮助塑造和夸大了对气候变化后果的论述。这种交锋使公众在气候变化议题上得到了不太充分的教育，但过于关注交锋中复杂的科学问题。在这个过程中，媒体对气候变化问题的关注周期直接影响了公众在这个问题上认知和意识水平的起伏。对气候变化问题的基本认知因此而停留在表面，经常被不断纠正。

今天，科学认知有二十多年的长足进步，科学界在气候变化问题上的共识也大大提升，气候传播不再是一场"专家间决斗"的比赛。媒体报道有了长足的进步，公众意识至少在一些发达国家已经达到了较高水平。不同人对气候变化问题的担忧程度、对紧迫度和重要性的感知大不相同，对气候变化的起因和风险的了解仍然十分有限。尽管少数怀疑论者仍残存在社会的各个角落，但对这一问题的公开争论已经提升了好几个层次，不再争论气候变化是否发生，是否是人为引起。公众话语也不再只是停留在对物理和生态系统的最基本的影响上。全面基于减缓气候变化这一议题的政策辩论在各个层面已经随处可见，并在 2009 年 12 月哥

---

① Weart S. *The Discovery of Global Warming*. Cambridge, MA: Harvard University Press; 2003.

本哈根的国际谈判时达到了高峰，因为美国的重新加入，《京都议定书》的后续条约得以进行讨论。气候变化影响的证据不断出现，其明显的态势和增加的速度超过了之前的预想，同时，对各方在应对气候变化中应负的责任的深入认识也使得气候变化适应这个议题在媒体和政策辩论中得到越来越多的重视。

这种超越了科学和政策的议题，或至少在科学和政策之外的气候传播活动揭示了公共话语的本质：传播者意图利用更多元的平台和渠道、更广泛的信息源和多种不同的框架使信息传播抵达更多受众。正因如此，这一议题比几年前更加深入人心。

许多国家、地区和国际机构已经制定了自上至下的气候传播战略并启动了实施工作。这些战略的目标包括教育、公众意识提高和行为方式改变。英国、加拿大、日本、澳大利亚的维多利亚、美国的加州、欧盟和联合国开发计划署（UNDP）都开展了这类活动。其他国家，例如美国，还没有组织国家层面大范围的气候传播活动，不过自下而上的活动非常活跃，但大部分比较杂乱，有时甚至相互矛盾。

相比气候变化科学而言，气候传播研究在学术界规模尚小但增长迅速。直接参与传播气候变化和希望通过理论和实践来支持这种传播努力的人，都注意到了气候变化传播研究的迅速增长。现在这个领域已经有数目可观的文献可供查阅和整理，需要开展更多的研究来进一步完善气候传播这个学术领域。

二、气候变化传播的挑战

首先，有人可能会问，气候变化传播与环境传播、风险传播、健康传播和政治经济等话题的传播有何不同。这些方面积累的经验不能直接应用到气候传播吗？毕竟，在过去的三四十年里，发达国家的公众已经习惯了环境信息和健康警告，他们的生活中充满了市场营销和行为改变的各类倡导活动。发展中国家也在开展一些教育和行为改变的公众倡导活动，来改善公众健康，创造更好的经济发展机会，影响风险相关行为。这些相关研究都已经有了，真有必要再对气候传播进行特殊的学术关注吗？

确实，如果气候传播者可以熟练运用已经存在的传播学和行为学等研究成果，这个领域可能已经有很多进步。但是，大部分早期的气候传播者都是物理学家和环保人士，他们是专业团体，但不一定了解社会科学。由于专业化、学科边界、制度约束以及其他专业分类的限制，实际从事传播实践和研究传播的人之间没有得到充分的交流。那么，除了制度和经验上的障碍，有没有什么源自气候变化问题自身的根本原因,以及人类与气候之间的相互作用,使得传播气候变化较传播环境、危机或者健康问题更有挑战性呢?事实上,确实有些十分有挑战性的特性使得气候变化的传播问题更加棘手。

(一)缺乏可见性和即时性

气候变化的第一个特性显而易见:气候变化的起因不能直接被公众看见。这种可见性和即时性的缺乏有不同的方面。最根本的原因是化石燃料或者土地使用过程中产生的温室气体事实上是不可见的,也不会对人体健康造成直接和即时的影响。这样,引发气候变化的污染物与空气或水污染的截然不同[参见澳大利亚维多利亚省政府发起的"YOU HAVE THE POWER"倡导活动,该活动旨在超越这一障碍(http://www.youtube.com/watch? v = 6EgSEAnE – M)]。

可见性和即时性缺乏的第二个方面是起因和影响之间的时间及地理距离。[①]排放温室气体不会马上导致巨大的可见的影响。相反的,个人行为产生的碳排放,甚至单个国家的碳排放,相对较小,只有对大气产生的累积效应才会导致大气、天气和气候模式可监测、可溯源的变化,并最终影响物理、生态和社会系统。今天观察到的很多变化,都需要数十年的系统性监测来寻找长期变化的信号,以消除更短期的感受,如每日、每季甚至每年在天气、气候和环境方面的显著波动。对于业余的观察者来说,短期的变化直观上超过了平均的小变动,所以毫不让人惊奇的是,很多人很难分清楚天气和气候(通常被定义为带有地域特征变化的"平均天气")的关系。而且,气候变化的许多早期信号已经在基本无人居住的地区检测到了,如高海拔的北极、珊瑚礁和其他城镇人口没有接触到或持续观测的生态系统。这些问题现在看来离我们很遥远,没什么关联,所以和立即就能感受到的生理、专业经济和社会需求相比,更难得到关注。心理学研究表明,直接感受和即时需求几乎总是强于非亲身的经历或抽象的数据。正因为如此,一个异常寒冷的冬天就能降低不懂行的人们对于全球变暖正在发生的确信程度。

缺乏即时性的第三个方面在于,大部分现代的城市人口都与气候和物理环境相对隔绝。一天中大部分时间的生活、工作、学习和玩耍都发生在人工控温的建筑里,人们坐在恒温的交通工具里,穿行在被我们彻底改造的地面上,基本上不花

---

① Kirkman R. A little knowledge of dangerous things:human vulnerability in a changing climate. In CataldiSL, Marick WS, eds. *Merleau – Ponty and EnvironmentalPhilosophy*: *Dwellings on the Landscapes ofThought*. Albany,NY: SUNY Press;2007,19 – 35.

什么时间留意观察自然,或与之互动,因此也很难发现微妙的、不断增长的被称为"缓慢发生"的环境改变。① 有些人可以通过结构性手段,或对抗气候变化的保险(如岸线防护、粮食保险)来保护自己,他们能更进一步地减少对气候变化的暴露和敏感性,降低自身的脆弱性,因而忽略所有变化。

(二)延迟性或缺乏采取行动的成就感

气候和社会体系反应迟缓,碳排放又具有累积性,这也使得采取减缓措施与控制气候变化(比如恢复更稳定的气候,极端天气事件减少等)之间的联系并不那么直观。事实上,可以确定的是,就算大量减排措施得以实施,今天也没有任何人可能看到地球的气候回到工业化前的状态。即便假设(为了简单起见,这里的假设与事实相差很远)温室气体的排放和吸收速度、相关的气候和环境均达到平衡,也一样没人看得到。这一事实至今在气候变化传播中都很少被提及,长远下去,这对公众和政策制定者来说,在认知、心理和政治上都是巨大的挑战。

(三)认知局限与技术进步之间的较量

气候变化的传播者经常会碰到质疑人类行为能改变全球气候的人。从大脑发展的进化角度来说,这样的质疑是可以理解的。旧石器时代的人类与周围环境关系密切,随时面临危险和挑战。只有那些有了深刻认知和生活技能的人,打败了身边的危机,才有机会适应更长期、更缓慢的挑战。也就是说,只关注当前是理性的,也是一项进化的优势。

许多世纪过后,人类的技术力量突飞猛进,但日常反复实践的认知能力却没有跟上。这样的矛盾与复杂的社会经济学和文化变化、教育缺失、信息技术的进步以及大量的信息过载混杂在一起,再加上对信息的认知加工日益肤浅,只关注眼前事物,而不再认真系统地评估所有相关信息,不再在采取行动前考虑其会导致的长期影响。

目前的挑战是协调人类践行习惯、习性的信息和人类对地球产生的影响,这一挑战的重要性体现在如下情况:说服人们相信人类可以引起全球系统性的变化,同理可推,也能想出并尽快实施有效解决的适当措施。这里有一个实验性证明人类曾经深切怀疑我们是否能彻底解决气候问题。2008 年秋天美国曾做过一项全国范围的调查,研究者发现,即使很多人都表达了降低个人能耗的意愿,89%

---

① Glantz M, ed. *Creeping Environmental Problems andSustainable Development in the Aral Sea Basin*. Cambridge, UK: Cambridge University Press; 1999.

的受访者表达了自己的疑虑和对人类解决气候变化的决心和能力的悲观(图1),69%的人不相信个人行为会带来什么改变。① 这一态度和故意拖延的战术、狭隘个人利益下的政治抵制,以及深植人心的对已有问题的否认和压制,很有可能会成为一个自我应验的预言。

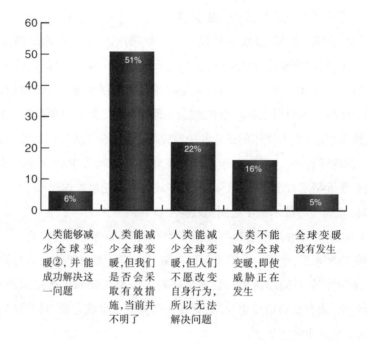

图1　世界能否减少全球变暖?调查问题:下面哪种表述最接近你的观点?

来源:Leiserowitz 等。在 A. Leiserowitz 允许下转载。

(四)气候变化的复杂性和不确定性

气候变化的另一个特点是它突出的复杂性和作为结果的不确定性,而且因为人们并没有完全理解,也不能准确预测这一现象。不确定性主要是因为数据缺乏,在理论层面对环境系统内部相互作用的理解不充分,用模型不能充分完全地

---

① Leiserowitz A,Maibach E,Roser – Renouf C. *ClimateChange in the American Mind*:*Americans' ClimateChange Beliefs*,*Attitudes*,*Policy Preferences*,*andActions*. New Haven,CT;Fairfax,VA:Yale Projecton Climate Change,School of Forestry and EnvironmentalStudies,Yale University;and the Centerfor Climate Change Communication,Department ofCommunication,George Mason University;2009a,p. 56.

② 原文印刷有误,这里应是全球变暖(global warming)而不是全球威胁(global warning),译者注。

再现自然，电脑有限的处理能力等原因，更何况在一个复杂体系内部，其运转过程本身就是复杂的。除此以外，人类本身具有自由意志和反思能力，所以当人类也加入这个复杂的体系中，根本的不确定性和深层次的无知就更加明显。

在过去二十多年中，科学在认识气候变化问题上有了长足的进步，比如政府间气候变化专门委员会（IPCC）第四次评估报告达成了共识性结果。然而，在气候传播的政治中，不确定性仍然被无数次地拿出来作为推迟行动的理由。正如之前所说，有些旨在维持矿物能源使用以谋取暴利的人故意让公众认为科学共识还未达成，使其对现代气候变化的程度和起因更加不确定，从而误认为观望态度才是最负责、最科学的行动。与之相反，意识到不确定性的存在说明这个问题可能已经超出预期。考虑到人们可能灾难性地低估了风险的严重性，有些科学家已经在呼吁加快行动速度。

从对一般受众进行气候传播的角度，他们远离国内或国际层面的决策杠杆，在他们眼里，气候变化问题是全球的，复杂的，不可见的，他们更关心近在眼前的养家糊口、教育、工作、健康、医保等问题。大部分人（甚至是科学工作者）作为个体不能而且甚至永远不会完全想清楚气候变化这一庞大问题的科学复杂性和不确定性，更不可能系统地来处理这个问题。就算人们接受了科学共识，仍有其他复杂问题尚不确定，如技术是否可行，对环境是否有益，经济是否负担得起，以及更重要的减排和适应措施是否有效。这些复杂议题在公众传播时需要被强调，逐条进行解释，但在今天这样的讨论还太少，仍有很大的对话和提升空间。

其实，遥远复杂又不确定的气候变化是可以和更突出的身边的日常挑战有效联系在一起的。传播过程中需要就技术经济效益、环境和道德复杂性以及回应这些的不确定性进行更加清晰的说明。显然，面对各种各样的不确定，人们缺乏更好的引导，当然，如果雇用善用心理暗示和启发的人来"管理"人们的认知和情感复杂性，对深入对抗气候变化来说也是非常不合适的。

（五）需做出改变的信号仍不足够

如果气候和环境并没有发出明确的信号，来让普通人意识到地球和人类正面临着重大的挑战，社会也会发出"信号"来提供相关信息和"早期预警"系统。其中一个常见信号就是当地货币。然而，因为与高油价这样人们关心的热门话题无关，这样的信号往往被完全忽略。

今天，气候变化和"自由"碳排放是市场失败的主要案例。只有某些国家和地区正在尝试给碳交易定价，如欧盟和美国东北部的碳市场，芝加哥气候交易所，挪威的碳税,以及德国绿色税收改革等。其他经济信号,如税收鼓励和其他资源行为都过于微弱,不能深入不同人群。

其他可能促进个人行为和国家政策改变的信号有:强有力的领导、统一稳定的信息传送、气候政策的公共优先化、言行之间明确的高度统一、清楚明白的社会准则,还有可能将"气候保护"作为社会优良素质进行鼓励宣传。在许多国家,尤其是美国,这样的信号直到最近才开始出现,而在其他许多国家仍没有类似迹象。

(六)利己主义、公正和人类共同的命运

当然,缺乏明确信号的部分原因在于社会中许多权力部门和力量出于利己主义的考虑,坚持要维持现状。这种利己主义可能是西方或西方化社会中绝大多数人无意识的行为,出于要捍卫他们舒适的现代生活,或者也可能如迪金森(Dickinson)①猜测的那样,是为了避免由于特殊利益群体出于保护经济财富而有意地误导他们,导致走向他们自身的灭亡。除了诸多利己主义的东西阻止人们对气候变化有所作为外,还有人认为对气候变化采取的行动是个人的或公民的责任、义务,或为了社会的公正。因为如此,这些动机也可以看作"利己主义的",因为关系到个体可能希望得到的某种潜在价值和特殊身份。当然,面对其他人、国家、种族或下一代,一个人如何看待其自身、其角色和行动、其权利和责任,这都源于更大的社会和生态环境,这些正是某种让人困惑的"道德上的不确定"。事实上,这可能是气候传播的最大挑战,即帮助人们驾驭这些复杂的东西,可能是在新的对话平台上,携手共同开发吸引人的有意思的叙述方法(可以是世界观、意义深远的故事或现代神话),来让人们看清其在人类和地球共同命运中的角色和位置。

从地方到全球,尽管并不总是自觉的或有建设性的,这些议题影响着气候变化的辩论以及人们对气候科学的解读。气候公正的许多方面面临着狭义的利己主义的挑战,人们对现有气候变化知识也缺乏更深入的了解,这一情况影响到了政治领袖和普通公众,阻碍他们清楚认识到没有人能逃离我们为自己创造的未来。

三、气候变化传播的重要性

认识到气候变化传播所面临的挑战是非常重要的。首先,对普通的受众来

---

① Dickinson JL. The people paradox: self-esteem striving, immortality ideologies, and human responseto climate change. *Ecology and Society* 2009, 14: 34. Available from http://www.ecologyandsociety.org/vol14/iss1/art34/.

说,气候变化难以察觉,也难以理解,因此需要传播者找到更清晰、更简单的比喻、意向、心理模型和吸引人的话语框架,为更准确的认知打好基础。

其次,无论专家认为气候变化多么确定和紧要,在现在和不远的将来,它对大部分受众来说,还是一个温和而模糊的问题,无法和更直接的经验相提并论。也就是说,普通受众需要接受丰富清晰、足够强有力和连续的信号来支持必要的改变。因为认知会存在障碍,人类本性的断裂,气候和社会体系落后,其他问题也一直在分散我们的注意力,我们不能小看这个任务。

再次,尽管在很多层面上加深教育和提高科学素养十分必要,也受到欢迎,但如果认为人们仅仅缺乏教育、信息或对气候变化的理解,如果认为这些缺失能被弥补,普通人也能用某种方式被强制性地去理解相关发现,并能自动减少能源消费和碳足迹,那就太简单化了。问题的复杂性在于,社会性一直交织在普通大众和政策制定者对科学知识的使用中。可行的知识和机制将理解和担忧转化成行动,但这一过程必须通过传播和支持机制实现。即便如此,如果某个综合性的政策(平等地包括减排和适应两个方面)想要实际地减少温室气体浓度,却无法提出一个清晰的图景来说明情况的紧急性、“后门”的缺乏,以及这个星球上息息相关的居住者们面临着怎样共同但又有区别的命运,就不可能获得任何层面上的政策制定者和广大民众的支持。

最后,科学家一直有作为知识持有者、传播者和解读者的特权地位。要想更有效,科学家和其他传播者必须加强对传播这门学科的了解和把握。很明显,高级知识分子和普通的兴趣、动机多样的公众之间的交流需要持续的努力,以期加深理解,推动更多建设性参与。

四、气候变化传播过程中的关键要素

传播气候变化的挑战又把我们带回到了亚里士多德,他提出了关于传播的最早理论之一。在他的《修辞学》中,他并没有将自己局限于传播者和接收者之间信息的机械交换,而是像很多现在传播领域的理论家一样,提出了传播的几个心理上的影响,包括受众如何处理信息,传播者和受众之间的互动,传播者的修辞技巧和可靠度,所传递的信息的实际内容和含义,以及这样的修辞互动在更大的社会环境中的作用。

历史和现代的传播学研究在不同领域提出了很多规律,从神学到人文学和早期修辞研究,到20世纪初在心理学、人类学、认知科学、语言学、计算机科学和信

息理论领域进行的更科学的研究,到新闻学、大众传媒和广告学等以实践为导向的领域。总之,这些规律为传播过程及其在社会中的角色创造了不同的理解,可能并不总是一致,但都很关键。

从这样庞杂的工作中,我们认识到,如果希望对有效气候传播的挑战和机会有更全面的了解,必须考虑几个基本问题:

传播的目标(范围和目的)是什么?

受众是哪些人(个体、特定族群、特定利益团体或者社会经济领域等)?

这个议题是如何构架的?使用了什么语言、比喻、意向等?

传达了什么信息,如何才能使内容最有用、最易懂?内容也与气候变化信息的来源及其可信度有关吗(例如是直接来自政府、媒体、科学家,还是来自科研机构、环保或发展类社会组织、企业)?

谁是传播者(如政治家、科学家、倡导者、权威、商人、名人、不同民族或社会经济背景的人、不同年龄的人)?

通过什么渠道、哪家媒体、什么模式来传播?

如何知道传播是否达到了预想效果?

回答这些问题仅仅是开始回应气候传播的一些挑战和机遇。对传播者和受众更进一步的理解,必须保证两者之间的信息传递或对话达到了互动的初衷。下文将继续详细讨论这些问题中的重点,以及我们从气候传播研究中已经了解的知识。

(一)传播的目的和范围

气候变化传播的目的是首先需要考虑的关键问题。在传播实践的背后可能有许多不同的目的,一部分由传播者的意图决定,一部分受文化的影响。比如在英国,传统文化更接受的方式是政府帮助个人行为的改变,这一点明显地体现在了他们的"明日气候——今天挑战"(参见 http://www. campaigns. direct. gov. uk)和"二氧化碳行动"(参见 http://campaigns. direct. gov. uk/actonco2/home. html)两个倡导活动中。在美国则恰恰相反,民众不愿意参与有时被戏称为"社会工程"的活动,尤其是如果该活动倾向于减少消费。

简单起见,传播的目的可以被区分成三类,即使不考虑三者有可能互相交织或支撑,或这些目标是否很容易达成。做出这样的区分是为了说明预期目的对传播过程的设计和要求有很重要的意义,通过评估传播过程的有效性,可以判断预期目的是否确实达成。

第一类本质上是告知和教育人们气候变化的相关知识,包括科学事实、起因、潜在影响和可能的解决办法。同时,传播的目的也可能是提高人们对气候变化基本科学共识的理解,或帮助人们识别气候变化问题的严重程度。传达信息和普及教育为主的倡导活动还可能有另一个目标,即通过教育让人们明白同时涉及减排和适应的综合危机管理的必要性。在某种程度上,报道基础知识的新闻属于这一类,因为这类新闻不是为了告诉人们如何回应问题,而只是把最新的进展告诉读者和观众,因此至少有基本的教育功能。① 过去很多传播的努力都认为将简单的气候变化的知识(尤其是气候变化科学)告知公众,就足以改变其观念和态度,从而鼓励公众采取行动。人们对气候变化的关注与态度,同他们相关的行为之间一直存在脱节,比起其他一般性的问题,气候变化在所谓"态度—行为差距"上要更大一些,这一点就在根本上否定了之前的假设。

传播的第二类基本目的是达成某种形式和程度的社会参与与行动。这样的参与可能是行为上的(消费相关的行动)和政治上的(公民行动),比如积极支持某个特定的政治家、政策或项目。与第一类的倡导活动的基本区别在于,这些倡导的目的并不仅仅是思维上的接触和互动,而是促成主动的行为参与。这就要求影响气候变化和其应对行动要个人化、本地化、紧急化。倡导活动意图刺激个体就问题采取行动,赋权并使他们将价值观和意愿转化成实际行动。这些活动可能用文字和图像来说明什么可以做,特别会将这些行为描述为相对简单,能对个人和社会有所益处(比如节约成本、更好的生活方式、获得社会更多认可、心灵的平静等)。或者,如二战期间同盟国在战时动员时所做的,他们可能会描绘一种"危在旦夕"的情形,将参与和深层次的价值观联系在一起,如爱国主义、国家安全、做一个好邻居或团队成员、自给自足等。②

传播的第三类基本目的重视更深层次的东西,希望不仅仅达成政治行动或特定的行为改善,而是在更广泛的层面上带来社会规范和文化价值的改变。即使人们态度和行动上一直存在差距,深层次的价值观能很好地预测很多重要的社会和

---

① Major AM, Atwood LE. Environmental risks in thenews: issues, sources, problems, and values. *PublicUnderstanding of Science* 2004,13:295 – 308.

② Schultz PW, Zelezny L. Reframing environmentalmessages to be congruent with American values. Human Ecology Review 2003,10:126 – 136.

环境的行为意图(尽管定义这些意图的行为还阻碍重重)。换言之,通过早期教育、后天的有效干预和某些行为规范的渗透式塑造,不仅仅是在特定情境下,而是从根本上对行为施加影响,确实可能重新创立或改变现有的社会模式,塑造不那么高消费、高耗能的生活方式,围绕家庭规模和再生产推动新的价值观和理想,为广泛接受政策干预打好基础。如果同时还施行支持性政策、基础建设、价格信号和技术改进,这样的努力能造成的影响将比第二类目的深远得多。为了实现这类目的,鼓励对话形式的互动,可以让受众参与到塑造可持续发展社会的新生活方式和愿景中来,而不仅仅是给公众"下达"某种居高临下的权威指令让其执行。

根据想要达成的目的,传播倡导的范围可以是窄的、行动定位的,也可以是动员大众;它可能有时间限制,也可能承担长期的责任。尽管在改变气候变化相关的认知、态度和参与水平上已经有了长期的努力,但大多数关于气候和能源的倡导活动都很短暂。要加深气候传播和研究,相关倡导活动应该从一开始就确立明确的目标,来帮助指导其后的选择,以促成有效的传播过程。

(二)受众

目的和受众选择是紧密相连的。尽管在考虑决定传播过程的所有要素时,传播专家和研究学者一再强调受众的重要性,但一直以来对气候传播过程中受众需求和差异的关注是有限的。其中原因可能在于气候变化的本质,这一议题最早是由科学家作为科学知识进行传播的,通过大众传播渠道进行传播时,不仅没有"营销传播"的能力,传播者中也缺乏传播领域的专家。

对受众需求的关注更多地来自不同受众本身和非科学家的传播者"将气候变化变成自己的东西"的行为。面对气候变化带来的空气污染,政府中不同层面的政策制定者、商人、宗教领袖、环保主义者和少数遭受空气污染的人有各自不同的有关气候变化的利益诉求和目标,需要不同的信息,对议题的构建各不相同,代表不同的价值观,措施和行为也各不相同。

近来,气候传播研究对不同的受众做了大量受众细分研究和面向特定受众传播的案例研究,发现不同的受众需要不同的框架、目标、信息和传播者。用定制的传播方式吸引不同的受众,可以与受众产生共鸣,也能让不同的受众联合起来,一同向理想的共同政策目标努力,这是一个非常重要的策略选择。

(三)框架

如果设立了特定的传播目标,也选择了受众,传播中不可缺少的要素就是如何讲述气候变化的故事,它将影响受众如何解读所提供的信息,以及重要的策略选择。框架可以界定问题,提供解读问题的视角,甚至帮助我们理解该问题的某些方面,忽略其他一些方面,且我们会发现其对于被传播的信息具有何种程度的说服力产生深刻影响。

框架的灵感可以是文字、图像、象征和非文字的线索,如传播者、音乐、语调和姿态。比如,有一种框架是将气候变化的威胁描述得比恐怖主义还严重,同步展示"9·11"袭击和卡特里娜飓风的灾难图片,选择美国前中央情报局局长詹姆斯·伍尔西作为发言人,将气候变化作为极端议题和国家安全的威胁。另一种框架看重宗教式的语言,认为人类的责任是上帝所造之物的管家和社会公正的护卫,要保护贫穷和脆弱的人群(见 http://www. creationcare. org/)。"耶稣会鼓励什么"活动的宣传是"关爱所造之物"框架的一个例子(参见 http://www. whatwoul-djesusdrive. org/)。简而言之,特定的框架和特定的受众产生共鸣。这样,这些框架可以动员个体行动,集合其他人一同抵抗或反对。① 正因如此,框架是非常重要的传播选择②,会对说服力、态度改变、信任和参与产生巨大的影响。

今天,影响甚至破坏气候传播的一个挑战是仅仅通过一种框架传播高风险的议题。比如尤其在美国,同时在英国和澳大利亚也有一些不认同气候变化的人,利用框架的力量倡导不要采取行动。责任、经济保守主义、不确定性等相关框架已经被熟练应用,使一部分受众一直怀疑气候变化的真实性、紧急性及其主要传播者的动机。在大部分公共政策议题中都存在不止一个框架,它们争取不同的受众的关注,并获得不同程度的成功。有时,成功利用这一事实可以建立更广泛的联盟,而有些多层次的框架可能让人产生困惑,导致支持者减少。

(四)信息

无论气候变化传播如何构架,仍然要回应传达什么信息的问题。"我们要给人们什么样的信息?"对于这类问题的第一个回答可能让人很不满意,即"看情况"。然而,这是唯一一个在抽象层面真正恰当的答案。要告诉受众的内容取决于受众是谁(包括价值观、态度、关注点、对气候变化的认知、语言习惯、个人和社会愿景等),谁来传递这些消息(传播者的特性和接受程度),信息传播的渠道,受众接受信息的地点和环境,受众怎样处理收到的消息,传播的目的(如预期结果、

---

① Moser SC. In the long shadows of inaction: the quietbuilding of a climate protection movement in theUnited States. *Global Environmental Politics* 2007a,7:124 – 144.

② Nisbet MC. Communicating climate change: why frames matter for public engagement. *Environment*2009,51:12 – 23.

听众影响这些结果的机会和他们采取这些措施时面对的障碍）。尽管存在这种背景依赖，还是存在一些一般准则。

第一，信息内部应该在各方面有一致性——如果信息是特别强调科学的不确定性或公众对于科学共识的争议，或根本不承认气候变化由人类引起的所以不认为需要采取行动，却要求人们采取特定的行动，这就是自相矛盾的。这样说并不代表科学的不确定不应该被承认。但是，一次传播中的主要信息和强调的重点必须与其初衷保持一致。由一名非宗教人士来传递形成于"关爱所造之物"框架的信息，这就是内在的不一致。而且，信息必须通过所使用的语言、所彰显的价值观和受众对社会的期望，与目标受众产生共鸣。信息的不一致和受众与消息之间的不匹配会产生认知的不和谐，会破坏这则信息的可信度和说服力。

第二，有效的信息创造或接入一些思维模式，帮助人们理解问题同时引导人们采取适当的行动回应。思维模式是对世界运行规律的简化的认知结构。许多研究成果都检验了人们跟气候变化相关的思维模式。信息和包含于其中的思维模式必须克服前面讨论过的传播气候变化的挑战，才能产生效果。距离产生的问题要通过把距离拉近来消除；不可见的原因和影响必须被可视化；不可想象的解决方案必须被图文并茂地阐释明白；感受到的和真实存在的对行动的障碍必须成为"像我这样的人"已经克服了的问题。

第三，信息不只是被传递的词语和知识。信息必须包含图像、语调，以及由照片、符号、配色和音乐所激发的情绪，这些是不可缺少的。必须认真考虑它们所包含的情感对受众的影响，因为这可能比单纯语言所产生的效果强很多。社会营销实践和心理学研究表明，这种情绪的影响在引导预期行为结果方面一定程度上能产生令人满意的结果，如增加担心、顾虑甚至恐惧的信息必须与允许受众把他们的情绪转化成补救措施的信息结合在一起，以免造成受众只控制了他们内在的情感（比如恐惧），而不是信息所激起的外在危险。这对传播者而言无疑是有风险的。

第四，信息必须能一直吸引受众的注意力。对于某些受众来说，留下悬念就已经足够；对其他的听众来说，需要幽默或者一句出其不意的妙语、引人注目的图像或者引用历史机遇和挑战的典故，或者挑起人们对于有趣事实的好奇。"W 先生"这个多媒体故事就用了许多上述元素（参见 http://www.youtube.com/watch? v = 2mTLO2F_ERY）。

第五，为了提高信息产生预期效果的机会，必须在全面实施倡导计划之前做一些测试。态度、观念和信息过一段时间就需要更新。在行为改变过程的不同阶段，人们需要不同类型的激励和实用的信息。因此，极具挑战的是必须在针对特定听众的信息和针对不同受众的普遍的信息一致性（并不等同于完全一样）之间找到平衡，并且两者都需要长时间持续传播，不能传递相同的信息而不管受众理解气候变化的实际情况。

（五）传播者

传递信息的人传统上被称作"传播者"。传播者在建立信息可信度方面扮演着非常重要的角色。传播者给信息盖上"批准的印章"，这样就避免受众艰难地判断信息的"正确性"和"可信度"。人们倾向于认为某些个人或者专业人士（例如科学家、环保团体）在某些问题上相比别人（如媒体、行业代表）更加可信。这些事实已经被一些反对气候变化者所滥用，他们用拥有博士头衔的传播者（即使他们不是活跃的气候科学家）去向受众传播矛盾的信息，这些受众没有能力鉴别这些论点的准确性或者合理性。

传播学研究一般认为传播者的选择对于整个传播过程是一个极其重要的元素，但是截至目前很少有关于气候变化的研究可以分辨特定传播者带来的差异。最近一个关于美国公众的研究调查了气候变化认知、关注度、党派和对科学家当传播者的信任程度之间的关系，发现对传播者的信任对于人们怎样理解传递给他们的信息有促进的影响，比如，在他们有相同知识量的情况下是否会变得更担忧。① 这项研究还肯定了当传播者持有类似观点时，人们更容易接受和信任传递的消息（例如，共和党人信任共和党/保守派的消息传播者，民主党人相信民主党/自由派的领导人，有色人种觉得具有相同种族背景的传播者更加可信，带孩子的郊区妇女更容易被类似生活状况的女性说服，商业领袖被其他商业领袖劝说）。共和党/保守派和民主党/自由派之间关于全球变暖的观点差异越来越大。

但是，对传播者的信任，是与语境有关的。如果气候变化问题被框架为道德议题，宗教领袖可能以气候变化传播者的身份被信任，但是如果被框架在安全、科学或者能源层面则不一定。② 关于把气候传播聚焦在关键意见领袖身上的论点更是强调了被信任的传播者（首先是传播者，其次是信息的解读者）的重要性。因

---

① Malka A, Krosnick JA, Langer G. The association of knowledge with concern about global warming: trusted information sources shape public thinking. *Risk Analysis* 2009, 29: 633 – 647.

② Nisbet MC, Kotcher JE. A two – step flow of influence? Opinion – leader campaigns on climate change. *Science Communication* 2009, 30: 328 – 354.

此,针对关键框架和听众的传播者的选择和策略使用,在气候变化传播中是随处可见的。①

(六)传播模式和渠道

传播气候变化中的另外一个重要的方面是采用的模式和渠道。模式有书面(如报纸、信件和报告)、口头(如演讲、讲故事和谈话)和非口头(如手势、肢体语言、手语和面部表情)等不同的传播模式。传播渠道包括面对面(如对话或者演讲)与间接的(打印出来的内容,如报纸、杂志、传单或者通过电子邮件或者网络的电子形式)。传播渠道决定了传播模式是否能同时发生。另外,还要考虑传播是发生在两个个体之间、在一个小组内还是通过大众传播媒介来完成。

传播模式、渠道和规模大小决定了什么能说,应该怎么说,需要多少空间和时间,通过什么方式,是否存在对话、反馈和社会学习的可能性。所有这些都影响一次传播的最终效果。比如心理学、政治学的传播和市场研究都表明,不同的传播模式和渠道会对传播的说服力产生不同的影响。总体来说,面对面的传播会比大众媒体的传播对个人行为的改变更有影响力和说服力。单向的书面或者口头的传播不如对话式的和互动的传播那么能激发学习和主动参与的积极性。而后者还更适合讨论意见和价值观的差异,可以超越社会界限,憧憬一个共同的未来。

(七)效果评估

截至目前,大部分关于气候变化的传播倡导没有仔细地做事后评估,以辨别最初设定的目标有没有实现,如果没有实现,又是什么原因。常见的是,衡量一次传播活动成功与否,用类似发出去的宣传手册的数量、媒体点击量或者网站访问量作为标准来评估。或者用粗略的意见调查问卷去评估和跟踪受众对于气候变化的想法和感受。研究人员和调查机构已经对公众态度的变化进行了数年的跟踪。这些调查已经被用来观测和跟踪否认气候变化言论的传播对美国公众意见的影响。有些调查特别评估了一些重要传播事件前后公众态度的变化,如观看艾尔·戈尔的电影《难以忽视的真相》,参加或者观看了2007年"活乐地球音乐会",或者观看了惊悚影片《后天》。

但是,这些研究都没有仔细检验在一场精心设计的传播活动中究竟是什么发

---

① Moser SC. Costly knowledge—unaffordable denial: the politics of public understanding and engagementon climate change. In: Boykoff MT, ed. *The Politicsof Climate Change*. Oxford: Routledge;2009.

挥了作用，什么没有起作用。一些机构的研究者喜欢对框架、故事、图像和信息进行预测试，以改进他们的传播活动，而记录一次活动的影响可以同时提供有价值的实践和理论观点。为了保持传播行为鲜活并能有效回应对受众变化的需求，需要对传播活动持续开展密切的监测、评估和更新。

五、影响气候传播的相关语境因素

在气候变化进行公开传播的过程中，大众传媒也发生了巨大的改变。其中，作为散布信息、虚拟对话和社会动员的公用渠道，互联网平台的爆炸式出现是最为明显和重要的。与此密不可分的是新传播空间的出现，如博客。互动的可能性大大增加，同时也有人担心同步发生的社交孤立，以及同质群体内部的有限交流。

笔者曾指出："同质性会导致不同社会身份的群体间信息交换受限，趋向类似的议题框架，对不符合群体内价值观、态度和观点的信息怀疑甚至否定，更愿意和类似社会经济背景和态度立场的人交流。"[①]

要接触到内部关系紧密并持有不同观点的团体是更具挑战性的，与该团体既有观点不一致的信息也很难被听到。如果不付出更多的努力接近这些团体，就会处于孤立的状态。人们需要克服阻碍，减少那些可能会将一个人从其社会同类团体中孤立出来的信息或行为。

传播技术，比如互联网、新媒体(如博客、维基百科、推特、电脑游戏，尤其是移动传媒)和视觉技术也有了长足的进展。有人觉得这是增进传播和参与，更加深入地切入社会，比如满足求知欲、加强学习和克服社会差异及鼓励更多参与。但是，新媒体过剩十分严重(大部分都只针对狭窄的受众)也可能会加速社会分化，任由错误信息扩散。在气候传播研究方面，很少有新媒体进行实证研究，或利用新媒体传播气候变化，用以理解信息、改变态度、社会关系、社会资本、公众参与、行为改变和公民行动。类似的，在气候传播方面，视觉传播也相对较新，研究较少，但这两者通过有效的图像，将抽象的气候变化问题"本土化"，在这方面这两种方式很有前途，也非常重要。

全球化的媒体产业变革对气候传播来说也很重要，包括持续的媒介融合、媒

---

① Moser SC. Costly knowledge—unaffordable denial: the politics of public understanding and engagementon climate change. In: Boykoff MT, ed. *The Politicsof Climate Change*. Oxford: Routledge;2009.

体在科学和环境领域放弃"追打"的报道模式以及聚焦新闻议程。仅对美国而言，据估计，"2008 年大概 5000 个新闻编辑室的全职工作被消减，这是全行业人数的10%。到 2009 年底，美国日报类的新闻编辑室所雇用的人数比 2001 年减少了20% ~ 25%"。① 除了有线电视网络，几乎所有其他的美国新闻终端都在裁员、破产、电台倒闭，而新闻杂志的"放血"则加剧了这一情形的恶化。这样的趋势又受到当前的宏观经济危机影响而更严重，对受众所接收到的新闻报道的内容、质量、频率和覆盖面都造成了影响，决定了人们主要关注什么问题，他们如何得知，知道多少，以及理论上应该如何被报道。

学术机构仍然更重视科学家取得的学术成果，不重视公众渠道，不愿意和媒体或其他普及科学知识的传媒合作。也许这就是为什么大部分科学家仍然没有接受过媒体或传播方面的训练，以及为什么科学家和记者之间有巨大的不信任和不理解。而像特殊的项目，比如英国皇家学会的媒体训练课程，美国主导的奥尔多·利奥波领导者项目(US - based Aldo Leopold Leadership Program)，美国科学促进委员会(American Association for the Advancement of Science)关注传播、媒体和政策的项目，这些都是在学术界和媒体界内部改变"文化准则"的先驱者，但也不能完全弥补学术界缺少培训的现实。更多的资金支持和机构(行政机构、组织和后勤机构)的支持也很亟须，以便让更多科学家参与到这项重要的公众服务中。

最后一组相关事实是关于所有和气候无关的议题，这些议题分散公众对气候议题的关注，从而影响公众的参与。或者可能相反，这些议题反而可能培养了人们的能力，让他们更好地对接收到的信息和知识做出回应。前面一种现象当然数不胜数，但我们需要记住，气候变化的本质让气候变化几乎没有什么"本垒优势"：气候变化不可见、影响深远、全球化、复杂、充满不确定性，而且人们基本没什么机会直接感受到它。日常更紧急的挑战，以及根深蒂固的习惯(可能不容易察觉，但同样很有影响力)让气候变化很难突破传播和行为习惯。更有挑战性的是，想要深切地坚信、完全地了解并有十分激情的动力来应对气候变化，还需要克服许许多多的困难，这些困难会打击人们对"绿色行动"的愿望和企图。只有和政策与结构性改革同步的传播活动才能让人们意识到"环境友好"的意图，比如可以带来行为改进的发生。

---

① Pew Project for Excellence in Journalism. *The State of the News Media* 2009. An Annual Report on AmericanJournalism. Washington, D. C.：Pew Project forExcellence in Journalism；2009.

六、结论：气候变化传播的未来

在多年缺乏坚实研究基础的实践后，一批希望提升公共参与的人现在开始对气候变化传播研究产生浓烈的兴趣，而且逐渐成为一个专门的研究领域。迄今为止，许多调查（公开或以研究为目的）都有效地衡量了一段时间内多国公众态度、观点、认知程度和政策支持的情况。此外，一些研究已经很有见地考量了特殊的信息、框架设计和受众反应等因素。许多研究分析了气候变化方面的媒体报道情况。最近，此类研究的新闻报道已不局限于美国和西欧。许多关于气候变化传播的信息和假设都是从其他领域推断而来（如风险传播、科学传播、大众媒介传播、广告和社会营销以及修辞学）。这使得气候变化传播领域更加生机勃勃，但也要求更细节的研究和针对实践层面的测试。笔者认为，气候传播下一步研究与实践的新兴议题如下：

沟通过程中的关键因素。在特定受众的信息和框架上需要更多纵向的、基于案例的跨国研究，此外，针对主动参与的框架影响研究、为不同受众提供信息的传播者的重要性研究、不同类型公众参与中新媒体的承诺、限制和最恰当的作用研究、传播语境影响研究、不同传播活动的有效性评估等都是值得深入的方向。

传播技术和模式。目前的研究较少涉及高效道德地利用可视化来传递气候变化信息。艺术的作用并未被很好地评估，虽然在使气候变化更多地被感知，以及提升公众参与的层面已经有了一些尝试。

传播气候变化减缓和适应。虽然对于气候传播有效性问题存在不同观点，很少有研究直接针对公众对于适应性问题的认知，如何传播适应气候变化的需要，以及传播适应与传播减缓在各层面上有怎样的差异。

长期和更深入的参与。由于气候变化问题在时间上的不可逆性且不可能在短时间内被简单解决，传播这类不会很快结束的议题需要长期参与，而且，很可能产生挫败感，因为减缓问题不会很快有正反馈。已经有媒体关注了"绿色疲劳"问题，记者抱怨这个长期普遍议题缺乏新闻价值。但是很少有人知道如何传播这个议题以及如何让社会长期关注这个问题。这方面的研究可以帮助我们强化对于长期参与的坚持。

大规模动员。因为气候变化问题的严重性和紧迫性，很多学者建议需要大规模动员。但是不论这种方式看起来效果如何，实际上还没有被检验过。如何传播紧迫性而不使受众感到受压迫，是值得深入研究的一个问题。

传播的对话形式。单向的信息传递和双向的互动形式分别有不同的潜力、影响和利弊。有些人认为这两个概念与大规模动员的含义和对大规模动员的潜在需要相悖,而有些人则认为它们平衡了越来越多的技术专家政治论的政策和对于全球议题的决策。下一步的实证研究需要探讨参与其中的对话的作用、决策、民主和社会对气候变化问题的反应。

新媒体环境下我国环境传播的新特征

黄　河　刘琳琳①

摘　要：新媒体的快速发展及其带来的广泛而深远的社会影响重塑了我国的环境传播格局，相较于之前政府主导、宣传导向、自上而下、单一声音的特征，环境传播在目的、主体、议题、思路、渠道、方式等方面出现了许多新特点，这主要包括传播主体由单一向多元化发展、传播议题由"同一"变得更具冲突性、传播思路从正面宣传向对话协商转变、传播方式也由"一律"变得多样。

关键词：环境传播　新媒体　新特征

主流的环境传播研究认为，西方环境传播诞生于美国，并最早可以追溯至19世纪中后期至20世纪上半叶的自然资源保护运动。在美国环境传播发展的过程中，一些民间人士、环境相关领域的专家最先成为环境保护觉醒者，他们通过出版启蒙公众的环境保护意识，呼吁环境保护行动，由此形成的环境社会运动推动环境议题进入社会公共议程，并借助大众媒体所提供的平台和渠道，形成了包含各类环境主体的环境传播体系。

上述环境传播演变的美国路径被认为代表了西方环境传播发展的整体模式（郭小平，2013：51－52）。从国家—社会的二元结构来看，西方的环境传播从诞生之日起，尽管有着明显的精英印记，但同时也具有坚实的社会传统——对环境问题的关注始于社会而非国家，个人和社会组织对环境问题的"建构"一直是影响环

①　黄河，中国人民大学新闻学院副教授，中国人民大学新闻与社会发展研究中心研究员。刘琳琳，中国劳动关系学院文化传播学院讲师。本文为"中国人民大学科学研究基金（中央高校基本科研业务费专项资金资助）项目成果"，项目名称为"媒体融合背景下的环境风险沟通研究"（项目批准号：16XNA010）。

境议题传播的重要因素。就此而言,环境议题在西方国家的建构与传播在很大程度上是由社会主导的。与此相比较,我国在环境议题的建构与传播中呈现出明显的政府主导特征,这一传统从 20 世纪 70 年代环境保护工作提升到政府日程后长期延续,直到 21 世纪初,新媒体的出现与普及之后才渐渐发生改变。

一、我国早期的环境宣传与环境传播

（一）始于政府环境宣传的环境传播

环境传播产生的一个重要前提是存在诸如环境污染、生态破坏等环境问题,且已经得到广泛的关注。需要指出的是,我国的环境问题,特别是生态破坏问题有着深远的历史背景,比如有的研究者就在研究中回顾了中国从先秦时期到近代的自然生态环境的退化和恶化过程(曲格平,李金昌,1992:7 - 24)。但鉴于业界和学界公认我国当代的环境传播实践最早仅可追溯至 20 世纪 70 年代,因此,笔者仅将从 1949 年中华人民共和国成立以后的环境污染与生态破坏作为本研究中环境问题凸显的基本背景。

从 1949 年到 20 世纪 70 年代,我国实际上面临着严重的环境污染和生态破坏(曲格平,1989:315 - 320),但环境问题在相当长的时间内没有得到广泛的关注——一方面,解决温饱问题以及阶级斗争问题在这一时期优先于环境议题,"宁可呛死也不饿死"(曲格平,2010)是当时地方领导和群众的一种普遍心态,因此环境保护并没有得到政府、媒体和公众的注意;另一方面,正如首任国家环保局局长曲格平先生指出的,"按照当时极'左'路线的理论,社会主义制度不可能产生污染的,谁要说有污染、有公害,谁就是'给社会主义抹黑'"(曲格平,1989:90)。

直到 1972 年我国派代表团参加联合国首次"人类环境会议",才被认为是我国环境保护工作的开端(解振华,1992),国内学者也将这一事件界定为我国开启环境传播的关键节点。为了配合政府的环保工作,自 1973 年第一次全国环境保护会议提出"要采取各种形式,通过电影、电视、广播、书刊,宣传环境保护的重要意义,普及科学知识,推动环境保护工作的开展"(国家环境保护局办公室,1988:7)。这一导向使我国环境传播从一开始便被打上了宣传的烙印。

具体而言,政府作为我国环境传播的缔造者主要体现在以下几个方面:其一,组织开启环境宣传,国务院环境保护领导小组多次发布指导意见,要求"充分运用报刊、广播、电视等形式","提高人们对环境保护工作的认识","打开环境保护工作的局面";其二,创办专业的环境刊物,从 1973 年开始先后创办了《环境保护》杂志(1973年)、中国环境科学出版社(1980年)、《世界环境》杂志(1984年)、《中国环境报》(1984年);其三,设立环境专业,开展环境教育,环境教育自1983年第二次全国环境保护会议后进入体制化阶段。

(二)新闻媒体推动环境传播的公共化发展

我国新闻媒体环境意识的建立是一个从无到有的过程。早期,受到各种社会因素的影响,新闻媒体对环境问题的报道是有限的,甚至还对滥捕滥采野生动植物等破坏生态环境的行为当作正当副业而加以提倡过(国家环境保护局办公室,1988:106)。而在20世纪70年代末,伴随环境保护进入国民经济发展计划,新闻媒体开始在政策的引导下参与到政府的环境宣传活动中来。

尽管这一时期新闻媒体对环境议题的报道仍主要围绕政府的工作动态与环境管理工作的重点展开,但随着环境意识的觉醒,新闻媒体也开始主动关注环境问题,出现了诸如新华社记者李一功等采写的《风沙紧逼北京城》、北京晚报记者沙青发表的《北京失去平衡》、人民日报记者徐刚发表的《伐木者,醒来!》等一系列著名的反映我国环境问题的新闻报道或报告文学作品。

1992年6月,在巴西召开的联合国环境与发展大会对我国的环境保护产生了深远的影响,根据这次会议的要求,我国制定了环境与发展的"十大对策",明确提出实施可持续发展战略。与此同时,经过十余年的环境宣传,公众的环境意识已有很大的提升,面对日益严峻的环境形势,公众对环境传播的需求也与日俱增。在此双重因素的共同推动之下,新闻媒体以更加积极主动的姿态介入环境传播,推动环境传播从政府的政策行为转向社会的自觉行为。

这一转向有如下四个方面的表现:

首先,更多的中央媒体和地方媒体开始关注环境议题,环境报道、环境节目进一步丰富,许多报纸、杂志、电台和电视台建立专栏或栏目报道环境问题与倡导环境保护。从数据上看,我国环境新闻的数量在20世纪90年代有了快速的增长,根据"自然之友"环境学会开展的环境新闻调查,1994年每份报纸刊登环境新闻的平均数量为125.2条,到1999年大幅增加到630.3条。

其次,区域性的环境抗争与环境冲突出现。工业化和城市化的推进导致生态环境持续恶化,公众进行环境信访和环境上访的数量激增,根据张玉林对全国信访状况所做的统计,1996年全国环保系统收到的有关环境问题的信件只有6万多封,到1999年骤然增加到20万封,2002年达40万封(张玉林,2007,转引自吴敬链,江平,2007:3)。

再次,以 1993 年后每年一次的"中华环保世纪行"活动为开端,新闻媒体开始发挥舆论监督功能,开展有关环境问题的批评性报道,揭露了很多地方破坏生态、污染环境的问题,全面提升了环境传播在我国的地位(陆红坚,2001)。

最后,"自然之友""北京地球村""绿家园志愿者"等民间环保组织陆续建立,并逐步参与到环境传播与环保监督中来。如 1995 年起"自然之友"与大众媒体一起在社会上推动保护藏羚羊的议题。

(三)早期环境传播的议题构成与话语格局

回顾我国早期的环境传播实践与发展,可以发现其议题构成与话语格局有以下几个特点:

第一,在环境议题的言说主体上,政府作为我国环境传播实践的缔造者始终处于环境议题建构的主导地位,其在相当长的一段时间内是包括环境法规、环境污染和生态问题、环境保护措施等在内的所有环境信息的提供者,并通过行政命令的方式指挥生产部门、科研教学部门、宣传部门的环境宣传工作。媒体是环境议题的另一建构者,但其在改革开放之前的环境传播方面基本处于缺席的状态。1979 年前后的媒体(主要是主流的报纸、广播、电视媒体)在政府进行环境宣传的指令之下开始涉入环境传播领域,以提高党员干部和群众的环境保护意识为目标,重点报道党和国家的环境保护方针、政策和措施,呼吁社会响应中央精神做好环境卫生、工业"三废"管理等工作,充分体现出媒体的政府"喉舌"功能。20 世纪90 年代以后,这种局面有了一定程度的改观,一方面,政府在推进环境宣传之外,要求媒体进行舆论监督,以促进环境管理;另一方面,报纸、杂志等媒体的数量迅速增长,面对愈加激烈的市场竞争,媒体对社会广泛关注的污染现象展开揭露。

第二,在建构环境议题的观念上,很注重宣传环境保护对于经济发展的重要意义,这一点特别明显地体现在"保护环境就是保护生产力"这种观点上。因此,从某种意义上看,这一时期由政府主导的环境传播活动蕴含着强烈的工具取向;并且,这种取向也使得早期的环境传播侧重环境污染、生态破坏等问题对经济的"不可持续"发展的影响,较多地强调公众对于环境保护的义务,而相对忽略了保障公众的健康和环境权益。

第三,在建构环境议题的主要思路上,早期的环境传播活动,特别是环境新闻实践一直比较强调正面宣传,即通过宣传政府环保工作的措施、成就和各种先进典型以促进环境保护。

第四,早期的环境传播主要表现为政府的组织传播以及媒体自上而下的大众传播,社会力量特别是普通公众尚未真正发出自己的声音。这一方面是因为这一时期多数公众的环境保护意识尚处在启蒙阶段,提升物质生活仍然是人们最重要的生活议题;另一方面这一时期越来越多的公众迫切需要表达自身的环境诉求、维护自己的环境权益,但除了采用信访和上访的方式向环境部门"告状"之外,公众实际上缺乏其他表达渠道。然而这一状况很快会被新媒体的普及与快速发展所改变,环境传播的格局也因此得到重构。

二、新媒体环境下我国环境传播的新特征

进入 21 世纪,政策环境与媒介环境的新变化驱使我国的环境传播进入了新阶段。从政策环境上看,根据"科学发展观"和"美丽中国"这样的大政方针,社会发展应树立尊重自然、顺应自然、保护自然的生态文明理念,把生态文明建设放在突出地位。这一方针对人与自然的关系做出了新的解读。以此为指引,环境传播就不再只是为政府的环保工作、经济发展营造有利的舆论环境,更需引导社会各界理性对话以化解环境风险、应对环境危机、解决环境问题、发展环境事业,并动员社会各界为建设"美丽中国"而贡献力量。

在媒介环境一端,新媒体丰富了传播的手段,形成了"所有人对所有人传播"的格局;再进一步,人人均可发声的技术民主引发的"去中心化"态势越发突出,社会议题往往需要通过多元对话才能达成共识;更深层次,则是以参与意识、监督意识、权利意识、法律意识等为表征的公民意识的增强,以及新媒体对公民的种种赋权,民主、法治、协商皆是必须,开放、协作、分享成为常态。在这样的背景之下,我国的环境传播在主体、议题、思路、渠道、方式等方面也有了诸多新特点。

(一)环境传播主体日益多元

传统媒体时代环境传播的主体是政府以及以行业报刊为主的主流媒体。作为政府环境宣传工作的组成部分,主流媒体承担着"宣传党的环境政策、启蒙公众环保意识、实施舆论监督"的功能。除进行宏观层面的引导外,各级政府部门还进一步从体制资源、运行经费等方面积极扶持新闻媒体,使环境新闻逐步成为政府宣传工作的重点(王利涛,2011)。因此,尽管政府和主流媒体是两类传播主体,但它们在环境传播上呈现出高度合作、口径一致的关系。

新媒体则释放了话语表达空间,借助官方网站、网络论坛、微博、微信和客户端,企业、社会组织及网民在与环境议题相关的公共讨论中获得了较传统媒体时代更多的话语权,其意见或观点往往拥护者众,除了左右舆论的走向,还可能设置

议程,从而形成个体议程、社群议程、媒体议程、公众议程、政策议程多元共振的局面。

(二)环境传播思路更加注重对话

在环境传播方面,传统媒体所做的环境报道普遍遵循正面宣传的思路。笔者先前的研究曾对此做出这样的总结:(1)在政策法规类议题上,描述中央及地方在环境政策法规上不断出新,突出中央及地方党和政府对环保工作的重视和支持;(2)在环保工作类议题上,强调各地方政府正在"铁腕治理环境污染","着力推动生态环境改善",以完成国家要求、回应公众期盼;(3)在环保人物类议题上,一方面突出环保工作者勇于创新、敬业奉献,另一方面讲述环保志愿者身体力行,无怨无悔,而前者是报道重点;(4)在技术创新类议题上,介绍我国的环保技术创新层出不穷,突出地方鼓励、企业着力通过技术创新贯彻节能减排、推进生态保护;(5)在社会力量类议题上,表现公众积极参与环保活动以及环境保护监督管理,而这一成果得益于政府的组织引导;(6)在价值文化类议题上,通过地方环保成绩的报道来强调树立科学发展观及推进生态文明建设(黄河,刘琳琳,2014)。

在现今日益重视平等、尊重、互信的新媒体时代。互联网即是一个天然的开放、对等的对话平台,它允许参与主体在某种程度上抽离现实生活中的地位、身份等限制性条件,可以相对平等、纯粹地与他者交流信息、意见和情感(胡百精,2015)。在互联网平台上参与公共事务讨论的网民中,亦拥有相当比例的高学历、高素养人群,他们对公共事务的讨论与沟通也多具理性和批判性(宋正伟,陈少华,2007)。在彼此开放、认真倾听、真诚表达、平等协商的理想状态下,持有不同意见的群体通过交流和沟通可以增进理解、寻求共识、建立信任、展开合作。

(三)环境传播议题达成共识的难度加大

我国环境传播开展的初期,以传统媒体输出"节用用水""环境卫生"和"处理工业'三废'"等议题为主,这在公众普遍缺乏环保意识和环境知识的情形下,会很容易赢得社会的支持。随着社会的发展以及公众环境意识的提高,环境议题渐渐变得多元,自然生态保护与监管、环境政策法规、污染防治、节能减排、垃圾处理、低碳生活、公众参与等常规议题与环境风险议题、环境危机议题被纳入环境传播当中。另外,新媒体的快速发展,使政府和传统媒体主导的环境传播开始面临社会情境、权力结构和舆论环境的重大变化:人们对环境的了解越来越深入,除了形成自己的判断,还会参考意见领袖等他人的意见。

现今,环境议题的争议性十分普遍,不同价值观、不同诉求与不同立场的主体在环境议题建构上呈现出不同的框架,公众通过新媒体平台极端地表达环境诉求,网络空间弥漫着对环境问题的担忧、不满与愤怒,作为科学权威的专家和管理权威的政府所提出的环境决策遭公众质疑,环境意见的统一和共识的达成难度加大。

(四)环境传播方式由单一走向多样

随着数字技术的日新月异,新兴的媒体形式层出不穷。对于环境传播的各类主体而言,一方面,政府和媒体组织有了更多的传播平台、对话平台,借助互联网站、微博、微信、客户端,这些组织不仅可以让自己发布的信息覆盖到更广泛的人群或直达目标群体,还能够持续倾听民意、掌握民需、回应公众的关切、解决公众提出的问题;另一方面,企业、社会组织、意见领袖和公众也拥有了影响更多人的"麦克风",凭此即能便捷地参与公共空间中针对环境议题的讨论。

相关数据可以表明环境传播中传播方式的多样。截至2014年12月2日,全国287个地级市中,有119个正常开通了环保官方微博(周辰,2014)。而在微信日渐普及的大势之中,又有很多组织都开设了环保类的微信公众号。2014年12月北京市环保局联合相关机构评选发布的"十大环保类微信公众号"中,既有南方周末绿色新闻、《新环境》杂志等传统媒体开设的,也有人民网这样的网络媒体开设的"人民环保",还有"绿色和平""自然之友"等环保公益组织开设的公众号,以及"联合国环境规划署""天津环保宣传"等由国际及地方环境部门设立的公众号。

不过,使用多样的媒体加以传播只是环境传播多样化一个初浅的阶段,这是注重手段丰富与拓展的全媒体扩张思路,更重要的是注重多种媒体手段有机结合的全媒体融合思路(彭兰,2009),即设计沟通方案将各类媒体手段的核心优势发挥出来,在沟通的"深度"而非仅仅是"广度"上取得实效。

在内容表现形式上,为了更好地适应新媒体语境中人们的偏好及让各新媒体用户愿意听、听得懂、听得进,无论是官方平台还是个人账号,都越来越多地组合运用文字、图片、视频、动画等多媒体形式进行视觉效果更佳的传播,有的环境传播主体还借助大数据实时呈现环境状况。例如公益环境研究机构北京市朝阳区公众环境研究中心开发并运用中国污染地图数据库创设全国城市空气质量实时发布平台,推动环境信息公开和公众参与,促进环境治理机制的完善;某网络媒体为提醒民众雾霾天跑步的危害而制作的数据图表等。

环境传播方式由单一转向多元,这是由新媒体背景及其引发的社会变化决定的。对于政府和传统媒体组织这些长期主导环境传播的传播主体来说,方式的多样一方面为其战术实施提供了更多的选择,但更为重要的是其必须通过多种方式与其他主体展开对话,既要在洞察公众的新变化、新特点、新诉求的基础上优化传播方式,让自身传播的信息被目标受众听得到、听得懂、听得进,还要借助各类平台与其他主体建构良性的对话、合作、伙伴关系,让信息借助关系网络的传播产生更强的威力,进而推动公共讨论与公共意见的形成。

参考文献

1. 国家环境保护局办公室(1988).《环境保护文件选编(1973 – 1987)》. 北京:中国环境科学出版社.

2. 郭小平(2013).《环境传播:话语变迁、风险议题建构与路径选择》. 武汉:华中科技大学出版社.

3. 胡百精(2015). 互联网与信任重构.《当代传播》,(4),19 – 25.

4. 黄河,刘琳琳(2014). 环境议题的传播现状与优化路径——基于传统媒体和新媒体的比较分析.《国际新闻界》. 2014(1). 90 – 102.

5. 黄河,王芳菲(2013). 新媒体如何影响社会管理——兼论新媒体在社会管理中的角色与功能.《国际新闻界》,35(1),100 – 109.

6. 陆红坚(2001). 环保传播的发展与展望.《中国广播电视学刊》,(10),4 – 6.

7. 麦库姆斯(2008).《议程设置:大众媒介与舆论》(郭镇之,徐培喜译). 北京:北京大学出版社(原著出版于 2004 年).

8. 彭兰(2009). 如何从全媒体化走向媒介融合——对全媒体化业务四个关键问题的思考.《新闻与写作》,(7),18 – 21.

9. 曲格平(1989).《中国的环境管理》. 北京:中国环境科学出版社.

10. 曲格平,李金昌(1992).《中国环境与人口》. 北京:中国环境科学出版社.

11. 曲格平(2010). 环境改善,重在决心和执行力——本刊记者专访曲格平.《绿叶》,39 – 43.

12. 宋正伟,陈少华(2007). 网络媒介的公共领域——由哈贝马斯的"公共领域"谈起.《南京邮电大学学报(社会科学版)》,9(3),30 – 33.

13. 王利涛(2011). 从政府主导到公共性重建——中国环境新闻发展的困境与前景.《中国地质大学学报(社会科学版)》,(1),76-81.

14. 解振华(1992年10月8日). 中国环境保护机构的历史沿革.《中国环境报》.

15. 张玉林(2007). 中国农村环境恶化与冲突加剧的动力机制——从三起"群体性事件"看"正经一体化". 载吴敬琏,江平(主编)(2007)《洪范评论》第9辑. 北京:中国法制出版社.

16. 周辰(2014年12月3日).《环保部,网友喊你开微博:"衙门未开、击鼓又有何用!"》. 澎湃新闻. 检索于 http://www.thepaper.cn/newsDetail_forward_1282884

细节与科学的力量:谈气候变化报道的要素

贾鹤鹏①

摘　要:本文根据笔者多年从事气候变化报道与传播的实践,按照新闻线索的获取、不同领域的气候变化选题、新闻准备与采访,以及气候变化报道写作四个方面系统介绍了气候变化报道的构成要素和采编技巧。本文指出,既要充分利用各种渠道发布的新闻线索,又要通过积极投身应对气候变化的实践获取独家报道内容。要让气候变化报道选题兼顾科学性和对读者的吸引力。预先了解相关内容并进行独立思考是实现与气候变化专家进行有效对话的基础。气候变化报道的写作需要将生动的细节与科学结论及相关政策有机并有节奏地结合在一起。

关键词:气候变化　气候传播　巴黎协定　低碳　全球变暖

2016 年 4 月 22 日,167 个国家在纽约签署了前一年在巴黎达成的《巴黎协定》,与会国承诺会控制温室效应气体的排放,以确保从工业化之前到 2100 年的全球平均气温升高不超过 2 摄氏度。《巴黎协定》的签订不但是人类应对气候变化的标志性举措,也是 21 世纪以来国际关系史上最重要的事件之一。

与此同时,气候变化也是记者们报道的热点领域。但气候变化问题既有科学上的艰涩和不确定性又有经济上的复杂交易机制,还因为涉及国家利益而要在报道中有所顾忌。总之,要进行成功的气候变化报道并非易事。

然而,气候变化问题虽然复杂,也可以成为一名有抱负的记者磨炼自己的练兵场。深入了解气候变化新闻操作这样一个涵盖科学、政治、经济等各方面内容

---

① 贾鹤鹏,康奈尔大学传播学系博士候选人,中科院《科学新闻》杂志原总编辑,主任编辑,原麻省理工学院科学新闻研究员。

的综合领域,能为一名记者奠定成功职业生涯的坚实基础。基于这一目的,本文在作者的多年实践报道经历和既往著作基础上①重点探讨了如何进行有效的气候变化报道。根据新闻实操的流程,本文按照新闻线索获取、不同领域的气候变化选题、新闻准备与采访,以及气候变化报道写作四个方面依次展开。

一、气候变化新闻线索的获取

1. 气候变化科学新闻线索来源

气候变化新闻报道可以源自很多不同的资源。第一手的资料来源于气候变化科研和低碳事业的当事人。第二手的资料则是电子媒体或其他新闻发布平台。

在二手资料方面,最主要的新闻来源包括如下渠道,它们发布重要论文和学术报告的新闻稿,其中既包括气候变化科研的内容,也有其他领域的科学信息。这方面最大的网站是美国科学促进会(AAAS)运作的 Eurekalert! 网站(http://www. eurekalert. org,中文版 http://zh. eurekalert. org/zh/index. php,但中文版内容不多),共有上千份科研期刊和科研机构在上面发布最新科研进展的新闻稿。

除 了 Eurekalert! 网 站 外,《自 然》出 版 集 团 的 媒 体 网 站 (http://press. nature. com/press)以及《自然》网站气候变化专题报道网站(Nature Climate Report：http://www. nature. com/climate/index. html)也是气候变化科学新闻的重要来源地,Nature Climate Report 上面除了新闻报道性内容外,还会发布 Nature 出版集团有关气候变化的各子刊——包括 Nature Climate Change 和 Nature Geoscience——的重要研究。

欧洲科学新闻发布网站为 Alphagalileo(http://www. alphagalileo. org),其中也包含着大量的气候变化相关科研信息。欧洲的著名学术机构和重要科研期刊通常会在 Eurekalert! 网站和 Alphagalileo 网站两处同时发布其新闻。上述三个网站的注册地址为：

http://press. nature. com/press/servlet/Register

http://www. eurekalert. org/register. php

http://www. alphagalileo. org

在中国,目前还缺乏这样的科研信息发布平台,但作为记者,可以利用如下一

---

① 张志安,贾鹤鹏：《全球议题的专业化报道：气候变化新闻实务读本》,南方日报出版社,2011.

些国内的信息源,如中国气候变化信息网(http://www.ccchina.gov.cn),获取一些二手信息。此外,在中国还可以通过查找主要的科研机构网站获取相关科研信息。如中国科学院网站(http://www.cas.cn)(及其中涉及气候科研的中科院大气物理所、地理所、兰州的寒旱所;涉及清洁能源研究的包括中科院广州能源所、中科院电工所和工程热物理所以及中科院上海高等研究院等)。

当然,仅仅依靠这些固定的新闻来源是不够的。因为第一是信息缺乏独家性,第二是缺乏来自中国本土的内容。

因此,与中国科学家进行交流是必要的。除了在新闻发布会等场合进行直接交流外,重要的一环是就一些国际研究成果征求中国科学家的意见,并询问他们是否进行了类似研究。当然,经常参加学术会议也是获得新闻线索的重要来源。

2. 气候变化经济新闻线索来源

报道与气候变化相关的经济问题,通常可以分为宏观层面和微观层面。宏观层面的报道可以包括国际和国家的能源政策、新的清洁技术发展方向以及有关能源经济的最新研究等;而微观层面的报道,则主要是各种清洁能源、节能的企业与特定技术的发展。两者互相补充。

与纯粹的科学报道不同的是,能源问题在大多数情况下与社会经济生活关系密切,因此对能源领域研究的报道几乎总是可以找到现实的视角和参照。就能源研究进展而言,由于中国受到了全世界的关注,国际上主要的能源与气候变化类期刊都会发表大量有关中国问题的研究。这方面世界上一些主要的期刊包括:

《能源》(Energy,http://www.elsevier.com/locate/energy)

《能源政策》(Energy Policy,www.elsevier.com/locate/enpol)

《能源杂志》(Energy Journal,www.iaee.org/en/publications/journal.aspx)

《国际能源研究》(International Journal of Energy Research,onlinelibrary.wiley.com/journal/10.1002/(ISSN)1099-114X)

《能源、气候与环境》杂志(Journal of Energy,Climate,and the Environment,http://law.wlu.edu/jece/)

《气候变化商业期刊》(Climate Change Business Journal,http://www.climatechangebusiness.com)等。

除了学术期刊外,国际能源署(IEA)的网站(http://www.iea.org/)上也会发表大量科研报告,也是有关能源政策的重要信息来源。

微观层面的新闻线索,大型能源企业、新能源公司和创新型清洁技术企业都可以成为媒体报道的重点。在国际上，已经形成了大量成熟的环境新闻信息服务中介机构，提供各种与环境相关的企事业单位新闻稿。例如，世界环境新闻通讯社的网站（http://www.ens-newswire.com）其中既包括很多公司和机构与环境相关研究和活动的新闻稿，也包括这个网站原创性的内容。免费注册该网站可以获得其新闻稿定期提示服务。

清洁技术媒体网站（http://media.cleantech.com）其中包括其上万家成员单位，主要是企业和研究所的清洁技术方面的新闻稿。

值得指出的是，与气候变化科学领域的信息可以再进行加工不同，除了经济学研究之外的气候变化经济领域，很多信息一旦变成了新闻稿发布出来，也就失去了其独家性。记者仍然需要与气候变化经济领域的重要人物，包括政策决策者、各种机构的专家和企业家保持联系，以此获知重要的经济进展的独家信息。

二、气候变化的报道视角和新闻选题

1. 气候变化科学报道的视角与选题

对于报道气候变化的科学而言，需要根据读者性质来决定自己选材的视角。

下面这篇文章主要为读者相对专业的科学与发展网络（SciDev.Net）撰写，报道了一项发表于《科学》（Science）杂志的气候变化研究中重要的进展，该进展可以修正现在的气候变化研究模型。

气候研究模型"普遍忽视褐碳粒子"（SciDev.Net2008 年 8 月 15 日）

http://www.scidev.net/zh/news/zh-132743.html

美国科学家近日发现东亚地区的空气污染带中富含褐碳粒子，并且呼吁应该更新科学研究模型，以加强褐碳对大气致暖作用的研究。现今普遍采用的气候变化模型一般侧重于两种大气气溶胶①颗粒的研究——有机碳和黑碳。作为大气气溶胶的重要组成部分，这两种颗粒物主要来源于化石燃料和生物质燃料的燃烧。

下面这篇文章则主要是从公众生活的角度切入气候变化问题。

淮北旱得 50 年罕见　奇寒必有奇旱（《扬子晚报》2011 年 1 月 15 日）

http://www.yangtse.com/news/ms/201101/t20110115_783178.htm

北方 9 省市大旱！

---

① 气溶胶空气中固态或液态颗粒的聚集体，通常大小在 0.01mm 至 10mm 之间，有自然的和人为的两种来源，可以对气候产生影响。

据中国天气网消息,北京连续 82 天滴雨未现,冬小麦缺水严重,人畜饮水困难突出。在南方诸省遭遇多轮雨雪侵袭时,山东、河南、河北等 9 省市降水则持续偏少,旱情迅速发展,气象专家表示,上述地区水汽条件不足是主因,预计未来十天,华北、黄淮地区仍无明显降水过程,旱情将持续……而中国气象局国家气候中心主任宋连春说,去年发生在热带太平洋的厄尔尼诺和拉尼娜事件的转换十分异常。同样,干旱仍逃不开全球变暖的大背景。

对于很多大众媒体而言,即便报道一项有关气候变化的最新研究成果,其切入点也完全可以是该研究对于眼下和最近的读者关注的现实问题是否能解释得更加清楚。对于大众媒体而言,这项有关气候变化的最新研究成果的发布本身往往不能构成重要性足够的新闻由头。

与科学家们交流,也能发现很多重要新闻的线索,这方面包括发布新的观点,启动了新的项目,或者现有研究面临的困难和不足。

气候变化的报道中需要引述那些生动的、人们关注的案例。威尼斯的圣马可广场实际上已经被海水倒灌进去了。1920 年的时候,一年发生的海水倒灌有 3 次。2006 年一年倒灌 125 次。

气候变化的报道中不光是报道灾难,也包括那些人们如何应对的故事。这些故事又总是可以联系到人们关注的其他领域。比如到喜马拉雅地区拍摄一些那里生活的人民如何受到气候变化的影响、冰川的融化对他们的生活有什么影响等。

2. 气候变化经济报道的视角与选题

气候变化的经济新闻,通常分为宏观层面的综述和微观层面的产业、公司动向。下面这篇《自然》(Nature)报道的有关中国碳排放峰值问题的文章,就给了我们很好的参考。

中国碳排放有望达到峰值

http://blogs. nature. com/news/thegreatbeyond/2011/04/chinese _ emissions _ these_too_sh_1. html

这篇文章报道了美国劳伦斯·伯克利国家实验室一项模型分析,表明中国有可能在 2025 年到 2035 年之间达到排放峰值,即便在中国碳减排努力最差的情景下也可能如此。这一研究的意义在于关注到全球都非常关心的中国碳排放的峰值和随后的总体排量减少的问题,而这一问题直接关系到全球气候变化谈判。

获得了线索后,在撰写与气候变化相关的经济话题时,记者则需要同时遵循两方面的指导原则,其一是作为经济新闻的吸引力,其二是所报道话题对于应对气候变化的意义。

就吸引力而言，从今天的视角来看，低碳领域的先行者获得了财富，也遭遇了种种困境。在跟踪应对气候变化的产业进展之际，对行业出现的问题进行及时警示和深入分析，也是非常好的切入角度。如这篇对酒泉风电产业进行调查的文章：

"陆上三峡"之问：酒泉 1200 亿风电投资调查（《21 世纪经济报道》2009 年 7 月 31 日）

http://www.21cbh.com/HTML/2009 - 8 - 3/HTML_F57YESTDNYM6.html

文章揭露了在风电投资热潮下，酒泉的陆上风电三峡遭遇的并网困境、产能过剩以及造成重复投资的体制原因。在 2009 年中国风电发展仍在狂飙突进之时，这篇文章给予产业界和其他人以深刻的启示，因而其新闻价值不言自明。

报道气候变化相关的经济话题最有效的办法是讲述动人的故事，这既包括企业家们的睿智和生动经历，也可以包括所报道话题的覆盖对象，如消费者的经历和感受，还能从所报道项目或事件遭遇的阻力着手。

三、气候变化报道的准备和采访

1. 如何准备和规划气候变化的报道工作

本文先以气候变化科学类题材的报道为例，阐述准备和规划气候变化报道的工作。气候变化的科研结论很多来自论文，但记者怎样从原始论文中得到他们需要的信息呢？下面我们通过一篇 2011 年 7 月发表于 PNAS 上的论文，来帮助读者更好地了解如何准备对重要的气候变化科研成果进行报道。

Reconciling anthropogenic climate change with observed temperature 1998–2008

Robert K. Kaufmann[a,1], Heikki Kauppi[b], Michael L. Mann[a], and James H. Stock[c]

[a]Department of Geography and Environment, Center for Energy and Environmental Studies, Boston University, 675 Commonwealth Avenue (Room 457), Boston, MA 02215; [b]Department of Economics, University of Turku, FI-20014, Turku, Finland; and [c]Department of Economics, Harvard University, 1805 Cambridge Street, Cambridge, MA 02138

Edited by Robert E. Dickinson, University of Texas at Austin, Austin, TX, and approved June 2, 2011 (received for review February 16, 2011)

论文标题为《对人类活动造成的气候变化与 1998—2008 年温度观测值之间差距的解释》。[①] 该文的作者们指出，人类活动排放的二氧化碳增加导致全球变

---

① Kaufmann RK, Kauppi H, Mann ML, Stock JH. Reconciling anthropogenic climate change with observed temperature 1998 - 2008. Proceedings of the National Academy of Sciences. 2011, Jul 19, 108(29):11790 - 3.

暖已经成为科学定论，但最近 10 年来全球却出现了地表平均气温降低的现象，这不但与过去 10 年间二氧化碳排放大幅度增加相逆，也导致公众日渐怀疑由人类活动造成气候变化这一结论。

该文作者们通过推算与模拟，发现造成这一现象的原因，是中国大量排放的具有制冷效应的硫酸盐气溶胶，抵消了温室气体增加导致的致暖效应，结果让这一时期自然界周期性的变冷因素成为影响气候变化的决定性因素。但随着中国提高环境治理（主要是燃煤脱硫措施）导致的硫酸盐气溶胶排放大量减少和自然界进入致热周期，不久后全球气温将呈现加速上升的势头。

如果没有新闻稿，我们首先要读下去的是论文的摘要。论文摘要的第一句话，也就是尽管温室气体排放日增，地表温度在 10 年间却没有增加这一点，也应该足以引起我们的重视。随后，读者则可以注意到作者不仅探讨了自然变化，也探讨了气溶胶的排放，尤其提到了中国在其中发挥的作用。

作为记者，完全可以忽略论文中间的数理论证部分，直接进入讨论和结论部分。对于中国读者来讲，由于该研究与中国的密切相关性，因此有必要细致阅读其探讨中国排放的部分。

在了解了基本内容后，我们发现，由于该研究的重要性及其与中国的相关性，其本身已经值得撰写一篇有价值的新闻报道，但很有必要采访中国科学家，对其研究结论进行评价。而如果要深入思考这个问题，撰写更有深度的新闻稿，则可以在研究结论的基础上提出如下问题：

（1）研究结果是可信和确定的吗？

（2）该研究与此前的研究相比，区别和创新性在哪里？

（3）该研究中分析的各个因素是否在时间和空间上具有协同效应（也就是说，含硫气溶胶的排放是否能恰恰和自然变暖的趋势吻合起来，中国燃煤脱硫措施是逐渐强化的，而非一步到位。这种渐进过程对大气气溶胶排放影响何在）？

（4）含硫气溶胶既然具有阻挡全球变暖的优势，为何不任之排放甚至人为增加排放？

（5）该研究对全球气候变化谈判是否会有影响，对中国是否有政策含义？

（6）该研究主要基于对过去十几年数据的分析，那么它对未来变暖趋势的预测是否准确？

气候变化很难以一篇报道说得很全面，要写成很多的故事。例如，北京的空气质量的污染就是一个很好的例子，因此这不单是气候变化的报道，同时可以成为卫生报道、社会报道和经济报道。气候变化不仅仅是关于科学事实的报道，实际上也会有一些商业方面的新闻价值。很多美国保险公司已经不再接受关于飓风、台风造成的恶劣影响的投保，包括在加勒比海地区也是这样。

在处理气候变化与产业联系这种比较新颖题材的时候，细致地撰写自己的工作计划、采访提纲和写作纲要会对文章生产有非常大的帮助。关键的问题在于，与人们都非常熟悉的领域不同，气候变化领域很多新的概念，也会有各种新的政策在酝酿中，这就意味着事先的规划经常会被修改，因此清晰地罗列一个工作计划和采访提纲将会对进一步的工作有非常大的帮助。

如下文章的生产过程就体现了清晰的工作计划和一贯的关注对生产重要文章和独家文章的重要性。

碳捕获与封存①试验的中国速度(《科学新闻》2009 年 8 月 3 日)

http://www. science – weekly. cn/skhtmlnews/2009/8/538. html

随着年底在哥本哈根召开的联合国气候变化大会日益临近，各国应对气候变化的努力明显升温，中国也不例外。2009 年 7 月中旬，华能集团上海石洞口第二电厂碳捕获项目在沪开工，这套年捕获二氧化碳 10 万吨的设备是全球最大的燃煤电厂燃烧后碳捕获项目之一。

7 月 6 日，华能控股的绿色煤电公司在天津建立的中国首家容量为 25 兆瓦的整体煤气化联合循环发电系统(IGCC)示范工程项目正式开工。

上海和天津的示范性项目仅仅是中国为促进碳捕获和封存试验所做工作的一部分。中科院武汉岩土力学研究所研究员李小春的资料表明，电力和能源巨头已经筹备了 20 个 IGCC 项目。

该文是笔者长期关注气候变化及其有效应对措施碳捕获与封存(CCS)的产物。2008 年，笔者第一次报道该选题(华能北京高碑店电厂安装的中国第一套碳捕获示范装置)，并仔细阅读了当时《自然》的报道后，就为自己留下如下问题：第一套碳捕获示范装置如何走向实践？捕获的二氧化碳在没有开辟封存工作时如何用？该实验示范装置是否可能增大容量？

事实证明，这些问题是非常有效的。2009 年 7 月初于广州举行的气候酷派媒体气候变化研修班上，中科院南海海洋研究所周蒂研究员在引述中科院武汉岩土

---

① 碳捕获及储存，英文缩写为 CCS，煤电厂及其他大型二氧化碳排放设施把排出来的二氧化碳收集起来，然后再打到地底或海底存储以减少排入空气中的二氧化碳。

力学研究所李小春研究员的资料时表明,国内电力和能源巨头已经筹备了 20 个将来可能与 CCS 联合使用的 IGCC 项目。

根据上述信息,一个重要的新闻报道方案迅速形成,总结如下:

选题意义:(1)CCS 作为应对气候变化的关键解决方案,此前在中国主要停留在纸面上,如今开始上马;(2)20 个 IGCC,其体量足以成为世界第一,如此大的规模,值得进行报道;(3)2008 年在北京华能热电厂投产的 CCS 小型装置,在当时运行了已经一年,有何借鉴作用?

文章要重点回答的问题:作为重点关注科技界的《科学新闻》杂志,首先要考虑的是技术的可靠性、可应用性(成本问题)、中国自己的独立研发情况、国际科研合作情况、捕获的二氧化碳如何进行封存? 封存是否会产生一些意想不到的问题? 国内大规模采用 CCS 的瓶颈主要在哪里?

但仅仅回答这些技术问题并不够,笔者接着要探寻如下问题:

CCS 捕获了二氧化碳后,在存储中是否要解决一些法律与制度层面的问题? IGCC 成本很高,何以中国能源企业有那么大的积极性上马? 背后的动力是否如风电的跑马圈地一样? 在中国电厂安装 CCS 的制度瓶颈主要体现在哪里?

采访计划:在基本明确了这些需要了解的问题后,就需要确定该采访哪些人。

第一,通过参加媒体沙龙活动加上此前的资料收集,介绍 CCS 本身的专家已经基本无须采访,但需要补充的是,中科院南海海洋研究所周蒂研究员在引述中科院武汉岩土力学研究所李小春研究员的资料,那么需要直接采访李小春研究员。

第二,虽然了解了 CCS 的介绍,但需要了解其在中国企业中的应用,而根据经验,直接在电厂采访得到接待的可能性很低,所以切入点可以放在两个地方:一个是开发碳捕获装置的华能西安热电研究院(专家更愿意讲话);另一个是推进华能高效煤发电技术的华能绿电公司(通常新的事业推进者更愿意面对媒体以呼吁社会支持)。

第三,碳封存的环境影响问题,绿色和平总部已经发布过一份研究报告,是否可信? 有哪些科学家参与了该报告撰写,是否可以联系采访?

第四,返回国内和返回产业界,面对专家可能提出的中国 CCS 的发展瓶颈以及环境组织等提出的碳封存的环境担忧,产业界是否能回应? 谁来回应? 国内是否可以回应?

采访提纲:主要通过上述想了解的问题,根据专家背景进行组合。

替补措施：在某个环节上采访不到相关人该如何处理？哪些人或观点可以成为其替补？

通过上述设计,本文基本上形成了一套比较清晰的工作计划和执行逻辑。在实际的采访过程中,专家比预期更容易采访,原因包括作为一个新兴领域,专家更愿意通过大声呼吁来推动社会支持其发展;企业界则比预料中采访起来更加困难,原因是作为一个新兴领域,企业界人士担心把握不好,说错话给企业发展带来影响。本文最后的解决办法是,企业界观点部分通过仔细研究其讲话内容来解决,部分以专家的嘴代替企业发言。

2. 如何与科学家及气候变化专业人士交往

很多记者经常会抱怨科学家很难打交道。这一点,与笔者此前进行的一项研究①一致。这一研究发现,中国媒体绝大多数对气候变化产生影响的报道,很少提及青藏高原冰川之外的中国的情形,很少报道同期中国科学家对本土气候变化及其影响的研究,也缺乏对中国科学家科研工作细节的描述,读者很难把这类新闻与自己的生活相联系。

由于缺乏激励机制,中国科学家普遍缺乏与媒体打交道的动力。在这种情况下,顺应科学家的习惯来推进与他们的交往,是报道气候变化的科学问题不得不采用的办法。

如何顺应科学家们的习惯呢？最直接(当然,这并非简单)的方法就是阅读科学家们论文的摘要,并顺着科学家们的思路发现其研究的主要突破点和不足。

由于科学发现通常是循序渐进的,在大多数情况下,某项重要研究不一定立刻就会颠覆所有其他人的结论,在这种情况下,对于勤奋的记者而言,一个有效的切入点就是询问做出这项重要研究的科学家,已经有很多人持类似观点,那么其结论的独特意义到底在哪里？而下一个问题则是如何获得这种独特意义的研究结论,最后,则可以补充上一个如何进一步发展和应用这项意义独特的科研结果。

采访时,很有必要温习一下被采访的科学家的主要科研论文,并通过谷歌学术检索一下其主要观点。而邀请这位科学家对某事或某研究进行评论时,与其直截了当地询问科学家如何看待这个问题,不如先说"您在这个领域有了这样的重要观点,那么对于我们现在要谈的这个问题,是否也持这种观点呢？"

---

① 贾鹤鹏：《全球变暖、科学传播与公众参与——气候变化科技在中国的传播分析》,《科普研究》2007 年第 3 期,39 – 45.

这样的工作,一方面体现了对科学家的尊重,更加重要的是,通过这种方式,记者能象征性地把自己提升到与科学家进行对话的水平。而科学家对接受采访的主要顾虑之一是担心记者不能确切把握自己的本意,通过显示自己了解了科学家的观点和研究,往往能让这位科学家更加愿意信赖这位记者,从而更加容易"吐露真言"。

四、气候变化报道写作指南

与气候变化新闻的采访过程一样,写作过程也充满挑战。比起其他新闻题材,气候变化报道作品要长期在确定性与不确定性、长期影响与短期影响、耸人听闻的标题与冷淡的科学事实,以及全球化变暖趋势与本地不确定情况之间挣扎。

在已经进行了成功调研和采访的基础上,记者也必须在写作上下苦工,让自己的作品能在上述的对立中取得平衡,也要在传播科学事实的同时调动公众应对气候变化的觉悟。

1. 规划气候变化报道的文章结构

与气候变化新闻的采访过程一样,气候变化新闻的写作也应该进行仔细规划。记者不要屈从于轰动效应,要必须常常在大标题和科学家对不确定性的警告之间做出平衡。一篇典型的气候变化报道作品,往往要具有如下结构:

由比较吸引人的、可能具有本地化色彩的导语开篇,这样的开篇往往要留下交代全文主题的伏笔。比如,我们在撰写宁夏农民因为清洁发展机制(CDM)项目①用上太阳灶的新闻时,可以这么开头——祖祖辈辈砍柴做饭取暖的宁夏农民马某某开始不用愁砍不到柴了。

转入本文的主题,如果这个主题是科学性内容,那么往往要一两句话将其概括清楚,不要沉溺于讲清楚细节,这是文章后面部分的任务。

下面的两到三个单元(对于新闻来讲,就是自然段;对于特写文章,往往是几个自然段构成的一段话)可以较为清晰地阐述主题的内容,不论它是一项科学研究成果,还是一个重要的新能源项目。

接下来记者应以适当的方式返回到与开篇导语有关的内容中,除非在上面的

---

① 清洁发展机制(clean development)是《京都议定书》规定的三种灵活机制之一,由工业化发达国家和非附件一国家之间进行合作。减排成本高的发达国家提供资金和先进技术,在低减排成本的发展中国家实施减排项目。

两到三个单元的叙述中，已经把这一点交代清楚了。

在此处，不论是返回到与开篇导语有关的内容，还是另起一个部分，关键是要记住，文章该有所转折了，只有这样才能构成一篇吸引人的文章的跌宕起伏的情节。

随后的转折部分，内容可以根据文章主题而千变万化。对于一个新的政策或政府提案，这里可以是讲完其作用和意义后的挑战；对于一个经济上的布局或项目，这里可以是讲完其收益和前景后，在实施上遇到的障碍；对于一个科研发现，这里也许该讲研究的不充分之处或者需要补充、扩大适应性的地方。

从出现问题，到主角回应，根据文章风格和长度，这个过程实际上可以在文章中反复出现。只要处理好过渡，处理好不同点之间的逻辑顺序，那么文章看起来会非常有节奏，读起来很有起伏感。

经过一次或几次的反复，记者可以让文章回到既定的线索上。这样的结局可能是一个旨在孕育解决方案的问题，可能是一个提示，也可能是主角一个精彩的回应，还可能是局中人一句精彩的、并与上文有紧密相关性的引言。

当然，文章的布局有很多种方式，上面举的例子只是一种最常规的情况。但无论哪一种布局和结构，让文章按照流畅的逻辑顺序和错落起伏的阅读习惯走下来，都会让它更加精彩。

2. 导语与文章开篇

导语作为一篇文章的开篇之笔，可以称之为整个文章的精神所在。作为短的新闻报道，导语通常不适合过于绕弯子，更适合平铺直叙。在这类相对短的文章中，导语还可以分成两种，一种是直接点出被报道的气候变化研究或项目（政策）及其核心意义：

地球应对气候变暖　自我修复速度远超预期（中国天气网，2011 年 5 月 11日）

美国气候学家和古生物病理学家的研究显示，地球在应对气候变暖方面的自我修复速度远超此前预期。气候变化对地球运动的影响是多方面的，气候变化不仅会影响地球的自转角度，也会影响地球的自转速度。

另一种是要在开篇中就点出该被报道的气候变化研究或项目（政策）可能具有的局限性。在后面这种情况下，意味着文章中需要有足够的支持，在篇幅有限的情况下，给予"反方人物和观点"相对足够的篇幅和重要性。例如，如下这篇文章的导语：

"虽然早在 2007 年,中国政府就公布了《应对气候变化国家方案》,但看起来中国企业却并未为此做好充分的准备。"(《中国企业碳信息披露尴尬"初试"背后》,《财经》,2008 年 09 月 28 日)

该文将中国企业碳披露工作的不足与《应对气候变化国家方案》的执行对立起来,借此说明中国企业还没有为应对气候变化工作做出足够的准备工作。这样做的好处是,将读者所不熟悉的应对气候变化工作与《应对气候变化国家方案》建立起关联性,同时则让该政策执行的舞台上"反方人物出场"。

对于较长的文章,导语无疑可以做一些"花样"出来。但也不排除一些平铺直叙的写法。例如,在这篇名为"气候危机"(《财经》2007 年 2 月 7 日)的文章中,作者使用了间接性开篇的方式:

(2007 年)1 月 24 日至 28 日,位于瑞士东部阿尔卑斯山区的旅游小镇达沃斯,迎来了一年一度的世界经济论坛(World Economic Forum)。

度过了酷热难耐的 2006 年夏季之后,今年的达沃斯再度感受了"暖冬",直至论坛开张前两周,小镇才迎来了第一场瑞雪。年会照例在雪花纷飞中召开,与会的各国各界要人们照例踏着积雪赶往会场。然而,2000 多名与会者却比往昔更急切、更强烈地关注着当今世界的一个重大话题——气候变化。

该文开篇静中有动。在描述看似常规的达沃斯会议情景的时候,把各国政要对气候变化的高度关注,甚至是整个论坛对其的关注,不动声色地写出来,于无形中,已经给读者施加了一道有关气候变化的重压。

另一类导语用精彩的案例开篇,也能起到打动人的效果。如下面这篇文章"气候广告:用创意主张正义"(《艺术与设计》2009 年 12 月):

一位天真可爱的小女孩正无辜地等待绞刑时刻到来。她的处境已经极其危险了,身体悬在"气候变化、人类影响、创意挑战"的绞架上,脚下踩着渐渐消融的冰山……如果再不设法采取措施阻止冰山融化,小女孩很快就会一命呜呼。

这是该文所列举的多个气候公益广告中的一个,也是比较有代表性的一个,通过一种极端情形的描述,仿佛可以让读者感受到气候变化公益广告的设计者所要传递信息的急迫性。

不论哪一种开篇,其核心的原则都是在吸引人关注的同时,要有足够证据支持这种开篇布局。

3. 文章主体部分的撰写

就文章的主体部分而言，气候变化的相关报道可以说和其他新闻作品一样千变万化。记者需要牢记一点，那就是文章的逻辑结构必须清晰，因为气候变化的题材涵盖各个领域，即便是纯经济报道经常也无法回避气候变化的科学问题，有时还会遇到新能源和低碳领域的技术问题，而且气候变化相关作品还经常要交代一些背景信息。在这种情况下，记者只有把握好文章的结构，使之按照一定的逻辑顺序展开，才不会让读者摸不着头绪。

细节描写使文章变得生动，能够将读者带入故事当中；通过提示接下来会发生什么来建立读者的心理预期，能使读者产生阅读兴趣。

背景描写可以凸显文章所描述事件的意义，可以帮助读者明白事件的因果关系，在有些情况下，背景描写还能成为文章过渡的手段。

引言，特别是直接引语也很重要，除了突出文章内容的权威性和凸显文章的生动性外，引言的一个重要作用是实现文章不同内容的过渡与衔接。

数字是气候变化报道中经常要出现的内容，好的数字，可以让文章增加可靠性和权威性，但使用不当，则可能让文章变得枯燥。

试以如下文章为例：

变暖的西藏带来洪患隐忧（《科学时报》2008 年 10 月 30 日）

http://scitech.people.com.cn/GB/8261864.html

"日子变好了！"68 岁的布交家住西藏那曲县娘曲村，他对这几年的气候很满意。冬天不像小时候那么冷了，夏季越来越暖和，尤其是今年冬天，没有下大雪，六七月份丰沛的雨水则使草木旺盛，牛儿羊儿欢欣鼓舞地度过了一个美妙的夏季。

但是，并不是所有人都和布交老人有同样的感受。

……

那曲水患

让那么切乡书记边巴扎西最受震动的是，2004 年一些村子发生了"怪事情"：当时，边巴扎西挨家挨户去查看，发现每户房子放置炉子的地方往上冒水。牧民们不知是何原因。"这是以前从来没有过的事儿。"边巴扎西对《科学时报》说。

冒出的水在房子里结了冰，气温升高后，房内潮气上涌，一股股难闻的气味充斥了房间。很多房子的地基被水泡了，随之出现倒塌的危情。当地老人们认为，这是"老天爷非常的生气，所以变脸了"。边巴扎西很理解这些老人。他告诉记者，"老一辈人对于他们那个时代的气候变化可以说出规律，但现在他们说不出来了，所以转而求助神灵"。

他分析，"'怪现象'是因为天气变暖，冰川消融、地下冻土层软化等因素，使地表水和地下水通过复杂地形，沿着地面薄弱的地方冒出来。"

更为严重的是冰川融水、雨水增多使乃日平错、错鄂的湖水正慢慢地溢出来，逐步淹没周边的天然草地，逼近人类的居住地。错鄂湖尤为危险，向前足足推进了66米，距牧民居住区仅剩15米。

边巴扎西列了一张清单：2004年以后，湖水扩张，淹没了沿湖村庄近3万亩天然草场，有258户牧民受灾。在那么切乡，自家草场被淹没的牧民迁移到别的村，各村的草场都已经实行了承包制，村里留了一些公用草场，现在将这些草场分给了新迁来的牧民，由此草畜矛盾更加突出。

江村旺扎说："整个那曲中西部地区共有117个湖泊出现水位上涨。这里的6县(区)从1990年以来共淹没草场158万亩，有1395户、6610人被迫搬迁，现在仍有5000多名牧民受到湖水上涨威胁，需要搬迁。"

但如果湖水持续上涨，将有更多的牧民需要搬迁，那时该怎么办，让他们向哪里迁移？这是地区官员们迫在眉睫的焦虑。

这篇文章用一个老牧民对"这几年的气候很满意"开头，但随即转入地上冒水的"怪事情"，用非常有反差性的故事迅速抓住读者的注意力。而随后，作为一篇篇幅较长的特稿文章，本文并没有立刻解释这些"怪事情"，而是继续用"很多房子的地基被水泡了，随之出现倒塌的危情"等细节来讲故事。

随后，在交代这些"怪事情"的原因之前，作者卖了一个关子。"老一辈人对于他们那个时代的气候变化可以说出规律，但现在他们说不出来了，所以转而求助神灵"。这段话既显得非常贴切，道出了气候变化威胁的严峻性，已经达到了让牧民们惶恐的地步，同时又为下面进行科学的解释起到了过渡和铺垫作用。

在解释了"怪现象"之后，作者继续描述气候变化的现实威胁。"冰川融水""雨水增多""逼近人类的居住地"。在这里值得指出的是，这一段的描述已经不只是用"怪事情"这样牧民的直接感受来描绘气候变化对当地环境的影响了，而增加了更加综合的、更加客观的描述，在本段结尾，作者还引出了两个数字。将本文的叙事，从感官层面上升到具有一定科学性的陈述。

随后，文章转入对近年来气候变化导致的更大范围的灾害的记述。然后还列出了一组很硬的数字描述整个那曲中西部地区出现水位上涨的湖泊和需要搬迁的农户。

试想一下，如果这组数字出现的地方是在文章开篇，虽然它可以起到立刻凸显气候变化威胁的严重性的作用，但可读性就会大幅降低，因为它直接剥夺了气候变化影响下个体的感受，会让读者迅速地把气候变化与遥远和冰冷的数目字联系在一起，那样，整篇文章的可读性和打动力都会大幅降低。

而按照作者现在的叙述，则像讲故事一样，从个人的具体感受，到村中人的故事，到小范围的总结，再到整个那曲中西部地区的总结，层层递进，读者对气候变化的感受，也在这个过程中不断升华。这篇《变暖的西藏带来洪患隐忧》通过生动的细节和丰富的文章层次，将案例、细节和专家点评进行了很好的结合。

做好气候变化报道的"十八般武艺"

李晓喻①

摘　要：气候变化报道以其专业性强、报道难度大，历来是对记者职业素养的"大考"。要顺利通过这一考验，记者需会"翻译"、会"算账"、会"聊天"、会"说学逗唱"，在增强新闻敏感性、拓宽采访领域，改进语言风格等多方面下功夫。

关键词：气候变化报道　新闻记者　职业技能

气候变化报道以其专业性、科学性强，长期以来被视为对新闻记者专业素质和能力的一场"大考"。要顺利通过这场"考试"，做好气候变化报道，记者须掌握"十八般武艺"。

一、会"翻译"

气候变化报道归根结底是要实现两个目的，一是要提高"认知度"，让公众了解气候变化问题；二是要唤起"紧迫感"，促使全社会共同采取行动应对气候变化。考虑到气候变化问题专业性、科学性强，要达到这两个目的，就必须会"翻译"。

其一，要把看似偶然的气候变化现象"翻译"成与公众切身利益息息相关的问题。这需要记者有关联的眼光和发散的思维。

例如，对极端天气，如果仅报道现象本身，无非是一条普通的社会新闻。记者应当转换视角，从受众关心的角度，报道极端天气产生的原因和机理，对生产生活可能造成的影响，如何防范；还可更进一步，反映周边地区的环境改变和生态变化。

---

①　李晓喻，中国人民大学新闻学院 2013 届硕士，现任中新社经济部记者。

再如,对气候变化带来的影响,如果只聚焦中长期社会经济可能发生的变化,可能会让人有"隔靴搔痒"之感,认为气候变化的后果离自己还很遥远。记者应善于将气候变化与日常生活紧密联系起来,让受众有更直观的感受。

《人民日报》有一篇报道可资借鉴。记者以"传统节气还跟得上气候变化吗"这一问题为切入点,通过采访气象专家、农业专家,详细解读了气候变化对中国传统二十四节气的影响,以及二十四节气应当如何适应"新气候",实现更好传承和发展。这种贴近生活、针对性强的报道显然更易"入耳、入脑、入心"。

其二,要把晦涩难懂的专业话语"翻译"成通俗易懂、轻松活泼的语言,让公众愿意看、能看懂。要做到这一点,记者既要注重相关知识积累,也要在采访上多下功夫,不能简单复制粘贴政府公文、研究报告,而要多向专家请教,把专业术语的含义真正搞懂。这样,才能避免"以其昏昏使人昭昭"。

二、会"算账"

所谓"算账",一是要算"大账",二是要算"细账"。

算"大账"。气候变化绝非小事。气温升高将导致两极冰川融化,全球海平面上升,一些沿海国家和地区将有被海水淹没的危险,还将导致部分生物数量减少甚至濒临灭绝,生物链遭到破坏,给整个地球的生态环境乃至人类的生存与发展带来巨大冲击。

在此情况下,如果只用不同阵营如何"唇枪舌剑"的视角来观察联合国气候大会,就会失之狭隘,偏离了大会的本意。各方交锋的本质,是不同利益者围绕应对气候变化这一议题寻求最大公约数。发展阶段和利益诉求各异的各方能否跨越巨大沟壑,找到一条"都不满意但都能接受"的道路,团结在一起共同应对气候变化这一巨大挑战,走出一条低碳发展之路,才是观察气候大会的专业视角,也是气候变化报道该算的"大账"。

有鉴于此,记者在从事气候变化报道时,应当扮演信息沟通和意见交流的角色,为国内政府、企业、公众和非政府组织等利益相关方提供表达观点和态度的平台,帮助化解矛盾,缩小分歧,促使各方在应对气候变化的过程中相互配合,相互促进,实现共赢。同时,媒体还可通过详细介绍中国的立场观点、减排目标、行动方案和具体举措,争取国际社会的理解和支持。

中新社在报道气候大会时一直注重从全球气候治理的角度出发。《利马大会冲刺"气候外交"升温》《潘基文督阵利马气候大会 敦促人类加快"赛跑"》《中国频发声为气候谈判注入信心》《马拉喀什气候大会闭幕　全球气候行动加速》等稿,均着眼于整个国际社会应对气候变化进程,为受众展现了一幅"全景图"。

所谓"大账",还体现在报道视野的广度。气候变化从来不是单一问题,而是涉及政治、经济、科学、国际关系等诸多方面因素,涉及不同国家、不同组织机构之间多种利益博弈。在此情况下,要想让报道丰满立体,可读性更强,就要在更广阔的视野之下分析气候变化问题。

以联合国气候变化大会为例,由于其吸引全球各主要国家政治、经济、学术等各领域要人出席,其影响力和话语权已远远超出狭义上的"气候变化",成为讨论全球政治经济议题的"气候版达沃斯"。新闻媒体在进行报道时应当有的放矢,采访各国政商学界重量级人物,紧扣热点议题推出解读性报道。

算"细账",即气候变化报道只有切中受众关切,才有"含金量"。当前应对气候变化的重点和难点在哪,各国在应对气候变化方面已经采取了哪些措施,取得了什么成果,下一步将继续采取哪些措施,这些都是记者在报道气候变化时需要重点关注的新闻点。这些"账目"理清了,报道的传播效果才有保证。

从历届气候大会的报道实践看,硬新闻的传播效果往往较好。例如,马拉喀什气候大会期间,中国政府明确发声坚定不移推进应对气候变化合作,中国将扩大气候投融资国际合作,中国部分城市承诺将于 2020 年左右碳排放达到峰值等,都是备受关注的新闻热点。

三、会"聊天"

会采访是新闻记者的基本功。尤其是在气候变化报道这一领域,知道该和谁聊,怎么聊,对记者来说更加重要。

应对气候变化是全球重大议题。要使报道可读性更强,更具国际视野,就必须拓展采访资源,不能仅盯着某个国家、某个领域的专业人士,而应向不同国家、不同领域延伸。

作为国际性的盛会,联合国气候变化框架公约缔约方会议通常汇聚了大量中外高官和知名学者,是绝佳的采访资源。在这方面,中国媒体有大量文章可做。

在马拉喀什气候大会上,针对全球气候治理格局、中国在应对气候变化领域的作用和地位等外界关注的热点,中新社突破语言障碍,成功采访到欧洲议会对华关系代表团主席、联合国环境规划署观察员等外籍知名人士,以及中国国家应对气候变化战略研究和国际合作中心主任李俊峰等中国专家,写出《欧洲议员:中欧应联手向世界释放应对气候变化清晰信号》《中国气候领导力马拉喀什获赞》《中国智囊:特朗普时代美国气候政策料将更加务实》等稿,被海外近百家华文媒体转载,收到了良好的传播效果。

四、会"说学逗唱"

在传统媒体和新媒体加速融合已成大势所趋背景下,记者在进行气候变化报道时也应善于利用"他山之石",创新报道形式,给报道"加点料",使之不致单调乏味。运用音频、视频等多种报道形式,可使气候变化报道更加立体;使用微博、微信等新媒体手段,可使报道更适合互联网时代的需要,起到更好的传播效果。中新社在报道马拉喀什气候大会时就采取了这一策略,充分利用网络、微信等平台,协同发力,实现传播效果最大化。

本次气候大会上,针对中国代表团团长解振华马拉喀什首次发声、会议闭幕等备受关注的热点,中新社第一时间发出网稿,借助中新网的传播力,成为国内报道最快的媒体。

中国政府气候谈判代表团是气候大会上最受关注的一群人。对此,中新社提前策划了"揭秘中国气候谈判代表"一稿,全程跟踪了中国代表团团长解振华在气候大会上的一天,并深入采访了多位代表团成员,写出《厉害了!记者亲历,揭秘中国政府气候谈判代表团》微信稿,细致展现代表团成员在气候谈判中生动鲜活的经历,在央媒中系独家报道。

气候变化议题涉及政治、经济、外交等多个领域,做好气候变化报道也需"厚积"才能"薄发"。只有在报道形式和内容两方面都多下功夫,才能使气候变化报道传播效果更好。

框架理论下雾霾议题责任归属的考察

——以《人民日报》《中国青年报》雾霾报道为例

贾广惠①

摘　要:本文运用内容分析法对雾霾报道进行定量与定性的研究,选择2007年年初至2015年4月30日期间《人民日报》和《中国青年报》的雾霾新闻,运用框架理论梳理两家媒体雾霾议题的责任归属变迁。研究发现,媒体运用的框架呈现出了框架凸显—框架竞争—框架演变—框架互动的变动过程,其核心目的在于理清责任者,落实雾霾公共治理的责任。

关键词:雾霾议题　框架理论　责任归属

引　言

近年来,中国空气质量问题引发关注,雾霾成为最突出的空气污染指标。雾霾频袭严重危及社会稳定和生命健康。关于谁要为雾霾负责、如何落实治理对策,成为最为核心的议题之一。而此类议题的呈现、塑造和深化,待新闻沉淀下来之后重新审视,就有很多值得探讨之处。

雾霾成为突出议题,很大程度上是媒体建构的结果。加拿大社会学家汉尼根认为,环境问题并不能物化自身,它必须经由社会力量的建构,才能成为显著的问题,从而促进关注和解决(周翔,2014)。从百度提供的数据来看,在2014年和2015年的全国"两会"热点议题中,环保连续两年排在第一位,雾霾占据了最重要的位置。雾霾来袭固然被作为常规变动而纳入气象报道中,但实际上雾霾的严重问题驱使媒体逐渐转向对雾霾成因即责任归属等问题的探讨,雾霾报道的变化背

---

① 贾广惠,江苏师范大学传媒与影视学院副教授,新闻学博士。

后总是受到框架的制约。但媒体到底进行了怎样的建构和框架运用,则要通过对样本的解析并加以验证。

一、文献综述

以往对于雾霾传播的研究零散且不系统。笔者在中国知网输入"雾霾""雾霾报道""雾霾议题"等关键词,共搜索到新闻与传播方向的文献共702篇,主要集中在2013年和2014年,且大多选择研究以2013年发生的持续性雾霾空气污染的报道为分析对象,主要从传播理论视角、新闻业务总结以及国内外报道对比的方法,对雾霾议题进行定性或定量的研究。

具体来看,肖心月研究雾霾报道在风险议程下的传播特点,发现了媒体在预警机制设置上的不足(肖心月,2014);薛可、王舒瑶从三个层面提出雾霾的议题建构周期(薛可、王舒瑶,2012);李立强从报道现状、传播内容、效果总结来探讨京津冀雾霾报道的特点及原因,总结媒体在报道环境新闻上的不足(李立强,2014);张扬等人关注京沪穗传统媒体的报道框架,提出在建构公共议题及社会动员上应承担责任的建议(张扬,2014);也有研究者从报道平衡性的角度切入,比较国内外媒体在报道雾霾议题上的优势与不足。

但这些研究大部分是以某一短时间内的雾霾报道为对象,在时间跨度和报道数量上缺少对雾霾议题的持续性关注,而责任归属的呈现框架恰恰是提供雾霾治理参照的关键环节。一方面从最初的"雾"的定义,到PM2.5、"灰霾"、雾霾的名称变迁,另一方面从天气与气候问题,到对工厂烟尘、生活燃煤、工地扬尘、机动车尾气、烹饪油烟、烧烤、烟花爆竹、油品问题、各种挥发性气体的追问,媒体的责任归属不断清晰定位,显示了框架运用逐步趋于具体细化的趋势。但是框架的发展,框架的竞争,框架的效果,在不同的媒体之间有着逐渐显著的差异,而这通过责任归属的梳理显示了目前该项研究有待开掘的空间。

二、理论框架与研究假设

1. 框架理论

戈夫曼在其著作《框架分析:经验组织法》中将框架定义为一种认知结构,它能够用来认识和解释社会生活经验,再现社会现实的真实面貌。吉特林提出框架就是选择、强调和表现出对于存在、发生的问题的认知和阐释(李启凤、吴广丽,2008)。坦克德(Tankard,1991)认为框架是新闻的中心思想。恩特曼认为框架包含了选择和凸显两个作用,框架一件事,就是把认为需要的部分挑选出来,在报道中特别处理,以体现意义解释、归因推论、道德评估,及处理方式的建议。在对新闻框架形成因素的研究中,伍(Woo,1994)等认为,框架是新闻工作人员、消息来源、受众、社会情境之间互动的结果。

以上这些理论有助于对雾霾报道的分析,从现象罗列到原因追问,以及出路探索等,都有助于找到框架具体的使用途径和方法。由此,新闻框架是媒体用来呈现与议题相关的新闻报道的总体方式,是用来阐释和帮助大众理解雾霾议题的一个工具。

2. 研究假设

雾霾频袭引起社会焦虑,媒体的报道重心之一体现为对责任的追究。谁是造成雾霾的责任者? 我们的假设是:媒体从最初的完全归之于自然到落实于能动的主体自身——企业、地方政府与过度消费的大众;框架使用中有多个责任主体被揭示出来,但由于媒体背后受到各种因素的制约,其责任主体的揭示并不简单易行,而是有着复杂的博弈关系,使得不同的媒体归属对象呈现着差异。

三、研究设计

1. 样本与时间选择

中央级媒体对雾霾报道最有权威性,其中纸媒更具公信力。《人民日报》作为中共中央机关报,历来代表着主流意识形态,在对公共议题的塑造上舆论影响巨大;《中国青年报》是共青团中央机关报,善于通过独家调查和深度访问来反映社会公众关注的焦点和问题。基于雾霾发作周期主要集中于冬春季节,故本文选择这两份报纸从 2007 年 1 月 1 日至 2015 年 4 月 30 日内的雾霾新闻,探索有关报道框架的变化。

2. 内容检索

本文以"霾""空气""PM2.5""环保"等作为关键词,从人民网报刊检索到《人民日报》的报道 1135 篇,在中青在线检索《中国青年报》,出现 829 篇,剔除作为背景性材料提及以及与雾霾主题不相关的报道,整理得到《人民日报》雾霾报道 278 篇,《中国青年报》187 篇;从体裁看主要包括新闻和评论两大类。

3. 研究问题

2010 年以来,雾霾逐渐成为公共议题,其公共性凸显,但核心指向了议题建构的广延性与持久性(贾广惠,2014)。雾霾从事件上升到议题,媒体已有长期的跟踪,塑造了典型公共议题。基于框架运用本文提出三组研究问题：

问题1：雾霾报道频率是否涉及责任主体？

问题2：两家媒体的报道框架是否相同？如何运用？

问题3：两家报纸的雾霾报道框架意图何在？

四、研究讨论与分析

1. 讨论一：雾霾报道数量与责任主体的相关性

为了体现媒体报道雾霾数量在一个完整周期内的变化,在研究问题1时,本文选取了2013年1月至2014年12月这两年内的报道。从表1可以看出,每月的报道数量与雾霾天气的严重程度存在明显的相关性。

表1　2013—2014年每月媒体雾霾报道数量及占比统计表

报纸 ＼ 月份	1月	2月	3月	4月	5月	6月	7月	8月	9月	10月	11月	12月	总计
《人民日报》 2013	31 25.83%	16 13.33%	12 10.0%	2 1.70%	3 2.50%	6 5.00%	6 5.00%	1 0.83%	6 5.00%	7 5.83%	17 14.2%	13 10.8%	120
《中国青年报》 2013	29 31.86%	6 6.59%	5 5.49%	12 13.19%	1 1.10%	0 0.00%	5 5.49%	2 2.20%	6 6.59%	5 6.59%	7 7.70%	13 14.29%	91
《人民日报》 2014	12 10.91%	15 13.64%	31 28.18%	10 9.09%	0 0.00%	4 3.64%	1 0.91%	3 2.73%	2 1.81%	8 7.27%	12 10.91%	12 10.91%	110
《中国青年报》 2014	9 13.04%	6 8.70%	18 26.09%	12 17.39%	3 4.35%	1 1.45%	2 2.90%	1 1.45%	1 1.45%	5 7.25%	8 11.59%	3 4.35%	69

1）媒体关注度与雾霾严重程度呈正相关

通过上表可以看出,《人民日报》和《中国青年报》在2013年1月的雾霾报道数量占报道总量的比例最大,在这段时间内全国25个省市超过6亿人受到雾霾严重影响,两家媒体在此期间的雾霾报道量分别占全年的25.83%和31.86%。它们依据雾霾的频度塑造了议题。当然,《人民日报》按照成因、表态、自保、会议、讲话等形式来发布雾霾信息,多为解释、对策一类的短新闻;《中国青年报》除了紧追成因,还有地方工业、生活消费方面污染排放的警示,显示了更加接地气的特点。

为了更加直观地考察雾霾报道规律,本文在表1的基础上绘制2013—2014年每月雾霾报道数量统计图,如图2所示。

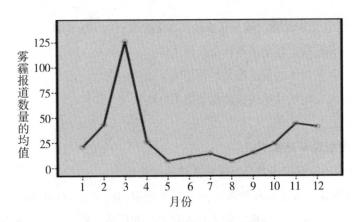

图2 2013—2014年雾霾报道数量均值图

(2)雾霾框架呈现周期性变化

从图2的月份上变化可以看出,雾霾报道的数量呈现出了一定的周期规律,而且与雾霾频发月份呈现正相关。根据丹斯的议题注意周期理论以及根据数据统计分析软件制图结果,本文按照历时性原则将全年雾霾报道量按时间划分为:上升期(1月至3月),如《"厚德载雾、自强不吸"不是全面小康》(1月14日);下降期(4月至8月),如《发改委:年初以来持续雾霾天受影响人口约6亿人》(7月11日);维持期(9月至12月),如《气象局:目前很难用人工影响天气方式治理雾霾》(12月3日)。图中的峰值出现在3月,说明人们对雾霾的关注和讨论非常热烈。分析报道发现,"两会"的召开对于如何解决雾霾问题有重要的影响,《人民日报》发表多位人大代表对于治理雾霾的观点,如《代表拷问雾霾,环保部长:考核干部重要依据》等报道,语调比较平和,多为探讨式。而《中国青年报》对企业排污与地方GDP崇拜与政绩工程的批评有所增多。

到了2014年"两会"时,两家媒体对雾霾议题的报道更加密集,《人民日报》平均每天有2.7篇报道。《中国青年报》在"两会"期间雾霾报道占全年报道量的26.09%,其中对油品升级进行关注和追踪,对京津冀工业布局的深入调查,体现了较为客观、灵活的报道取向。

2. 讨论二:不同时期的媒体报道框架的运用

框架更多地体现为关键词的使用。新闻标题能够显示媒体的报道倾向性,强化文本的主题,暗示文本背后的意义。本文统计了2007年至2015年的雾霾报道标题中出现较多的关键词,结果如表2所示。由于时间跨度较大,本文将雾霾报道再次按照报道数量和人们对议题的注意程度分为引发期(2007—2012年)、高峰期(2013年)、处理期(2014年)和深化解决期(2015年以来)。

表2　不同时期雾霾报道的标题关键词和内容高频统计表

雾霾发展阶段	标题关键词、高频词	
	《人民日报》	《中国青年报》
引发期 2007—2012年	雾霾、PM2.5、颗粒物、北京、空气、驱散、环保局、部门	连续、PM2.5、治理、环保局
高峰期 2013年	爆表、重污染、频发、口罩、致癌、减排、责任、美丽中国、京津冀	不满、无助于、不能、数据、美丽中国、频发、道德、公众、反思、
处理期 2014年	尾气、应对、倒逼、油品、立法、加强、你我、共同、意识	尾气、政府、环保部、企业、工业、发改委、责任、你我、
深化解决期 2015年以来	蓝天、政策、环保、防治	APEC蓝、叫停、经济、牺牲、期待、共同、开战

1)框架的凸显:媒体在雾霾报道各阶段的倾向性显著

从表2可以看出,每一时期报道的关键词运用都有所不同。从词性来看,不同时期的报道主题呈现出了鲜明的对比。引发期多为名词,以解释框架为主,媒体凸显了事实框架;高峰期多为形容词,让受众对来源产生感性认识,报道多运用人情味框架;解决期为动词,呼吁社会公众行动起来,多运用领导力框架;深化期有动词和名词,从政策、立法和行动多方面协同治理雾霾,这样的轨迹表明了媒体在此阶段报道雾霾时侧重于不同的框架。

两家媒体均在2007年开始出现关于雾霾的气象新闻,此后逐步深化。2007年1月4日《人民日报》的《气象服务:和时间赛跑》简单介绍了雾与霾的区别,重点从自然灾害方面总结过去一年气象局所做出的努力。《中国青年报》发表《雾霾笼罩京城》,标题中的"雾霾""PM2.5""颗粒物"等专业名词对于公众来说还很陌生,以至于没有成为媒体热词。但与之对应,"节能减排""环评""绿色GDP"等词语流行,国家层面针对流域治理、结构调整和低碳经济做出部署。由于环境问题的累积效应与滞后效应,到了2011年雾霾大面积爆发。至此,媒体框架从天气转向对数据以及来源的追问,PM2.5、雾霾一类词语频现媒体。

2)框架的共鸣:由气象新闻转入雾霾来源的问责

在雾霾的引发期,两家媒体都从气象报道的角度解释雾霾,在通过空气环境的角度说明污染现象的同时,开始关注背后的原因。主要包括工业污染排放、工地扬尘、机动车尾气、油烟等污染物来源,也关注到过度消费对雾霾的贡献。《中国青年报》的《雾霾笼罩京城》《近七成受访者感觉空气监测数据和直观感受不符》,直观地报道了北京雾霾的严重程度。2011 年冬季,该报发表了 4 篇关于 PM2.5 的新闻,并在 2012 年年初跟进报道 PM2.5 的检测情况。《人民日报》在此期间也发表了《专家:城市雾霾和污染物排放、气象条件都有关系》《民间自测空气有必要吗?》等文逐步探寻来源问题。该报刊发的《我们都是"小偷"》(2013 年 1 月 19 日)直接批评:"毒雾"面前,付出了代价的我们都应该反省,哪些生活习惯增加了"环境负荷":乱扔垃圾,无视垃圾分类,贪图方便用塑料袋、一次性物品,焚烧树叶、秸秆,无节制购物……"如果每个人都能理智消费,抵制浪费性消费,实现绿色出行、绿色生活,就会为环境的清新怡人做出一份贡献。"以上引用绿色和平组织的批评可谓击中要害,问责的背后,是对政府的压力督促,但这种督促是间接显示的。

   3. 讨论三:雾霾报道框架的流变

   从上文总结得出,雾霾责任归属只是在既定的体制框架内不断延伸扩展。同时公众对雾霾议题的关注随着雾霾天气的减弱、媒体退出逐渐下降。运用恩特曼的框架功能对两家媒体进行制表,归纳不同时期的报道框架变迁,结果如表 3、表 4 所示。

表 3　《人民日报》雾霾报道的框架功能统计表

阶段 功能	引发期 2007—2012 年	高潮期 2013 年	处理期 2014 年	深化解决期 2015 年以来	总计
界定问题	7	43	12	7	74
归因推论	3	34	36	4	77
道德评估	5	26	21	6	58
处理方式	4	17	40	13	74

表 4　《中国青年报》雾霾报道的框架功能统计表

阶段 功能	引发期 2007—2012 年	高潮期 2013 年	处理期 2014 年	深化解决期 2015 年以来	总计
界定问题	6	22	16	1	45
归因推论	5	15	9	3	32
道德评估	5	23	21	8	57
处理方式	2	20	26	4	52

1)框架的演变:雾霾周期变动,框架随之调适

政府、官员、专家、学者在报道中作为重要的话语掌控者,是媒体最大的信息源。《人民日报》着重用事实框架来界定问题,通过气象报道告知事实之外,该报在2013年以前的雾霾报道中,很少提及事件背后的原因和解决途径。

《中国青年报》更倾向于使用冲突框架。政府和归因推论的功能体现在"没有人能""不能光靠""不想""责任"等词汇的使用来明确责任主体,对存在争议的问题进行价值观的评判,还多用新闻图片来实现道德评估功能。

雾霾报道具有周期性的变更,而报道的框架也存在一定程度的周期演变。在与《人民日报》事实框架的竞争上,《中国青年报》常用冲突框架(34.1%)来强化雾霾议题,多发表负面新闻;而在"两会"过后,通过框架的调整,与公众的互动增多,由单向传播信息转向互动传播,议题建构更加深入持久。

2)框架的互动:取长补短,完善框架

社会力量利用自媒体以争夺发言机会,其中偏见不可避免,因此在建构符号真实的过程中,媒体之间的互动必不可少。为了更好地显示雾霾议题的框架变化,本文通过比较2013年到2015年这3届"两会"的雾霾议题框架,来探寻媒体报道框架在实践中的演变过程,部分报道同时可归到两个及以上的框架中,笔者从标题和报道内容出发,每篇报道通过比较,选取一个更重要的框架。笔者借鉴了以往学者对环境议题的框架分类,确定了以下4个框架,然后对最近3年"两会"的雾霾报道进行编码统计,得到表5的结果。

表5　2013—2015年"两会"期间的雾霾议题报道框架与来源报纸交叉对比表

报纸 框架	《人民日报》			《中国青年报》		
	2013年	2014年	2015年	2013年	2014年	2015年
解释科普 框架	3 37.5%	2 7.7%	2 40%	0 0%	4 30.8%	1 20%
归因推论 框架	1 12.5%	4 15.4%	0 0%	2 50%	4 30.8%	1 20%
意见领袖 框架	2 25%	13 50%	1 20%	1 25%	2 15.4%	1 20%
政策引导 框架	2 25%	7 26.9%	2 40%	1 25%	3 23.0%	2 40%

　　笔者通过阅读雾霾报道,发现两家媒体在"两会"期间使用的框架有很大的不同。在 2013 年的"两会"上,《人民日报》需要向全世界传播国内的最新发展成果,对舆论的把握更为谨慎,多用解释科普框架和政策引导框架,努力展示一个负责任的国家形象。而《中国青年报》与其相反,就责任归属于谁进行了持续的报道。而在 2014 年,《人民日报》更多的是作为框架行动者,在归因推论、意见领袖和政策引导的框架上与《中国青年报》一同推动了框架转变。2015 年"两会"雾霾报道中,两家媒体的框架都在明确定位的前提下进行了调整,报道的侧重点也在不断变化,责任归属逐步侧重于督促区域联防联动、地方压缩过剩产能、央企优化油品、淘汰黄标车、推广国 4 车,等等。这都丰富了雾霾议题的报道框架。

　　本文通过对两家报纸的框架分析,研究得出如下结论:

　　(1)通过对两家报纸有针对性的比较分析,发现雾霾报道的变化发展已初步体现了历时性;但在框架的运用上有差异,《人民日报》比较委婉含蓄,不温不火;而《中国青年报》直接追问,寻找责任人。

　　(2)在纵向分析当中,雾霾报道已经经历了 8 年多跨度,在主要的责任归属方面,经历了从抽象到具体的操作路径。

　　(3)通过总结两家媒体的框架特点,发现媒体框架的选择经历了框架凸显—框架竞争—框架演变—框架互动的变动过程。两报对雾霾议题的报道运用不同的框架揭示问题,寻找原因,提出对策,框架的演变随着雾霾严重程度而变化。

　　(4)二者更加注重吸收公众意见,报道努力体现客观准确和专业水准。

　　(5)《人民日报》更加注重宣传,对于雾霾的问题事件重在解释分析,而《中国青年报》坚持走底层路线,使用专业调查反映问题,强调了背后的缺陷。

　　结语:通过以上分析可知,媒体从最初的建构议题、使用不同框架应对雾霾问题到不断求索问题的原因,越来越明确责任主体与解决对策,在与其他媒体报道框架的竞争中把握了雾霾报道的趋势。两家报纸在选择框架上完善着与新媒体互动,接受着网络舆论审视,公众的社会参与程度也越来越高;在建构社会认知上从模糊责任归因到明确责任归属,有效地把握舆论走向。但在中国仍然处在工业化快速发展阶段,雾霾议题还会在一段时期内占据重要位置。因此,如何更为全面、深刻、真实地反映雾霾问题,媒体如何提升自身的专业素养,推动媒体与政府、公众在雾霾议题中的互动与进步都亟待解决。通过引导政府企业治理和公众参与,早日实现美丽中国梦,是需要媒体深化实践继续改进的课题。

参考文献

1. 周翔(2014).传播学内容分析研究与应用[M].重庆:重庆大学出版社

2. 肖心月(2014).媒介风险议程的传播框架——以《扬子晚报》中的雾霾报道为例.中国传媒报告,(3)p.35

3. 薛可,王舒瑶(2012).议程注意周期模式下中美主流媒体对突发公共卫生事件的报道框架——以《人民日报》和《纽约时报》对禽流感的报道为例[J].国际新闻界,(6)

4. 贾广惠(2014).中国雾霾议题传播的公共性辨析.北京:《新闻学论集》[M],(30)

5. 李立强(2014).京津冀都市类报纸雾霾报道研究[D].河北大学硕士学位论文,(2014/6)

6. 张扬(2014).京沪穗三地雾霾报道的框架分析——以《北京晚报》《新民晚报》《羊城晚报》为例[J].新闻记者,1

7. 李启凤、吴广丽(2008):《戈夫曼〈日常生活中的自我呈现戏剧论思想解读〉》,《重庆科技学院学报(社会科学版)》.(10)

8. 曾繁旭(2014).框架争夺、共鸣与扩散:PM2.5议题的媒介报道分析[J].科技传播,(1)

基于手段—目的链理论的低碳产品购买
动机及其形成机制研究

熊开容　刘　超　张　婷　于文欣①

摘　要:低碳消费是一种环保的生活方式和消费模式。采用软式阶梯访谈技术,构建基于手段—目的链理论的低碳产品价值阶梯图,可以揭示消费者低碳产品购买的内在动机及其产品属性—结果利益—价值的形成机制。本文以自我意识、价值观时代特征为维度分析梳理出 4 类促进或抑制消费者低碳产品购买的价值观动机:利他主义导向的社会责任意识、追求身心康怡的享受人生理念、紧跟时代风潮的新节俭主义、对低碳技术持怀疑态度的现代犬儒主义,每一种价值观动机背后均有独特的产品属性与结果利益相关联并构成层级作用机制。本文的研究结论可指导企业制定科学的低碳产品定位、消费者细分以及广告沟通策略。

关键词:低碳产品　购买动机　手段目的链　价值阶梯图　阶梯访谈技术

引　言

产品策略是企业与消费者建立联系最直接的方式。消费者对绿色产品日益高涨的兴趣,促使许多企业开发和营销具有环境属性的产品。仅 2007 年,美国专利与商标局就接受了 30 万件与绿色相关的品牌名称、标识和标语申请(Ottman,2011)。冠以"可持续""环境友好""生态友好"称谓的新产品数,从 2004 年的 100

---

① 熊开容(1975—),女,广东工业大学环境科学与工程学院讲师,博士;刘超(1974—),男,广东外语外贸大学新闻与传播学院教授,博士,硕士生导师;张婷(1990—),女,中山大学管理学院博士研究生;于文欣(1992—),女,广东外语外贸大学新闻与传播学院硕士研究生。本研究受教育部人文社会科学研究青年项目"碳标签商业化应用的市场反应、运作机制与推广策略"(项目编号:15YJC630141)资助。

个猛增到了 2008 年的 526 个,2009 年头 4 个月的这一数据为 450 个,比上一个年度又增加了 39%(Cohen and Vandenbergh,2012)。2010 年,美国超市货架上的 6902 个产品拥有环境诉求,包括 89 个声称"碳中和"(carbon neutral)①的产品(Mintel Group,2011)。

近年来,与可持续性相关的产品诉求更显著地日益聚焦于碳排放与气候变化方面,以"低碳"为卖点的产品日渐增多。可以预见,随着我国高新技术创新的持续推动,随着生态消费的现代理念日益深入人心,将会有越来越多的低碳节能型产品②(如太阳能热水器、混合动力汽车、低碳住宅、低碳节能空调等)走入千家万户。

值得反思的是,低碳不应只是企业产品低碳化的营销噱头,低碳诉求是否对消费者决策有效力,关键还在于"低碳"等隐晦的产品诉求能比口味、资产收益等显性利益更具价值与冲击力。更需警惕的是,在目前产品低碳性尚缺乏统一的认证标准与规范的监管机制的情况下,要避免所谓"漂绿"型企业利用欺骗性诉求或选择性的碳信息披露,意图误导消费者认为他们的产品比实际上的更加低碳和高品质。在气候变化问题日益引起关注,消费者对产品环境属性趋向敏感,企业尝试向低碳营销管理转型的背景下,低碳消费者行为研究无疑具有现实意义与紧迫性。与同类传统产品相比,消费者凭什么会更倾向于购买低碳产品,其低碳产品知识结构及其产品属性—利益—价值观构成的产品购买动机有何特征,有待系统研究予以揭示。

---

① 碳中和也叫碳补偿、碳中立,是人们为减缓全球变暖所做的努力之一。利用这种方式,人们计算自己日常活动直接或间接制造的 CO_2 排放量,并计算抵消这些 CO_2 所需的经济成本,然后各人付款给专门的企业或机构,由他们通过植树或其他环保项目抵消大气中相应的 CO_2 排放量。

② 从概念内涵及判别标准而言,作为绿色产品和可持续性消费在气候变化背景下的概念延伸,低碳产品必是绿色产品,但绿色产品未必是低碳产品。广义而言,任何在产品生命周期中具有更低的温室气体排放当量的产品或服务都可以称为低碳产品。但以下产品的消费者购买决策与行为选择对全球可持续性的实现具有最深远的影响:用可再生能源替换传统能源、选择节能住宅和高能效的汽车(或少开车);可持续消费品的标签化可以为消费者进行购买决策时提供所需的信息;通过购买本地产品和有机产品,减少肉类消费,可以有效降低食品中的能源消耗;就高价品购买而言,消费者应该购买节能型产品(GlobeScan,2007)。

一、文献回顾

(一)消费者低碳产品购买动机

低碳消费者行为研究需要回答的一个关键问题是:消费者在低碳产品购买中是否具有与其他类型产品不同的属性与利益关注及行为动机? Caird 等(2008)的调查显示,关注环境的绿色消费者采用低碳和零碳技术的主要动机在于节能、省钱和环保,尽管存在"反弹效应"(rebound effect),但很多人依然觉得具有成就感。对于那些考虑过但拒绝采用的消费者而言,主要的障碍和原因在于高昂的前期成本、投资回收期过长、缺乏必要的产品信息、对技术的性能及可靠性心存疑虑等。就不同的低碳和零碳技术而言,阻碍消费者采用的原因存在差异。因此,有必要对影响各类消费者采纳的关键动机进行细致研究,如此才能制定出有效的低碳技术及其产品宣传主题。

现有研究大都倾向于将促使和阻碍消费者采用高能效措施和可再生能源的原因归结为经济、监管和信息 3 个方面。然而,大量研究都认为,家庭的能源消费动机与行为比基于信息、监管、经济因素的理性决策模型要复杂得多(Guy and Shove,2000)。社会情境(social context)是理解消费者能源消费行为的一个重要变量(Moreau and Wibrin,2005)。王建明和王俊豪(2011)认为,低碳心理意识、个体实施成本、社会参照规范和制度技术情境对低碳消费模式存在显著影响。低碳心理意识是前置变量,个体实施成本是内部情境变量,社会参照规范和制度技术情境是外部情境变量。情境变量的多样性与交互作用使消费者的低碳产品购买决策具有不确定性,其消费动机体现出复杂性。

以压缩荧光灯的产品扩散为例,尽管其有着明显的财务利益,80%的英国家庭都至少拥有一只,但产品的扩散速度还是很慢。相反,对于那些安装了太阳能热水器或者其他可再生能源产品的家庭而言,考虑到这些产品的投资回收期可能比预期的系统寿命要长,因此可以说,他们是基于非经济因素而采纳这些技术的。作为早期采用者的很多家庭之所以购买太阳能接收板或风力涡轮机并非理所当然地出于理性的成本收益分析的结果,而是受到了其他动机的驱使,比如,他们有可能就是最新的环境革新技术的热情支持者(Caird et al. ,2008)。消费者动机的复杂性同样得到了 Fischer(2004)研究的支持,研究发现,热衷于新技术及环保是德国家庭采用燃料电池微型热电联供系统用于家庭供热的主要动机。

正如王建明和贺爱忠(2011)的研究所揭示的,个体心理意识、社会参照规范是低碳消费行为的内部和社会心理归因,但它们对于低碳消费行为的促成机理并不一致:个体提高心理意识产生相应的低碳消费行为,这归于认知性学习范畴;个体观察参照群体的消费模式及其结果产生特定的低碳消费行为,这归于观察性学习范畴。

低碳产品对于采纳者还具有"绿活族"身份的象征意义。Chen(2009)的调查发现,对健康和环境的关注是消费者购买有机食品的最基本动机,而前者比后者又显得更重要。但即便如此,Michaud 等(2013)的研究却也证实,在真实的玫瑰花购买中,不管价格多高,较之"高碳"玫瑰,"低碳"玫瑰被选择的概率高出 79%,消费者愿意为"低碳"玫瑰支付显著更高的溢价。鉴于低碳玫瑰并不存在直接的消费者健康利益,更合理的解释是将这一结果归因于利他主义或是将这些碳友好型(carbon friendly)的玫瑰送给爱人时所具有的赠予人形象价值。

综上所述,现有研究对消费者低碳产品购买动机虽有一定程度揭示,但在系统揭示消费者的低碳产品认知结构及其作用机制以深入洞察其购买动机上仍欠缺理论性与周延性。一般认为,产品属性(attribute)、利益(benefit)和价值(value)构成消费者动机的层级结构,价值观对于消费者行为的影响具有持续性、内隐性和决定性。就本质而言,消费者购买的并不是产品本身,而是该种产品给消费者带来的利益或价值,产品属性只是消费者获取这种利益或者价值的手段(means),价值才是消费者行为表象下其追求的终极目标(end)。将手段—目的链理论(means-end chain theory,MEC)引入消费者低碳产品购买动机研究有助于将这一领域的研究课题进一步系统化、理论化与图示化。

(二)手段—目的链理论

手段—目的链理论是消费者行为研究的基础理论之一,被广泛地应用于各个研究领域,如产品(品牌)定位、消费者行为、销售管理、战略营销等(Jung and Kang,2010)。

手段—目的链理论旨在阐释消费者如何通过把产品属性、结果利益及价值以层级方式相联系(图1),进而评价产品。手段—目的链理论的主张源于心理学家Milton Rokeach,广告行业最早将其用于为广告创意过程制定指导方针,即以产品卷入程度为出发点,追问典型信息处理过程(Huber et al. ,2004)。Gutman(1982)通过揭示消费者购买决策过程的链条,即把产品属性和利益联系起来,最终实现个人价值,深化了手段—目的链理论的内涵。瑞菲勒·萨诺利等学者则在原有基础上利用计算机技术,进一步发展了 MEC analysis 软件系统,使之真正成为具有实用价值而又方便易操作的研究工具(李开,2005)。手段—目的链理论的核心假设在于,消费者把产品属性作为实现预期目的的途径,通过把产品意识与自我意识相联结,在记忆上产生具有逻辑性的产品知识结构。

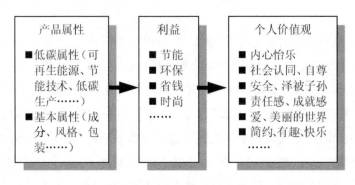

图1

手段—目的链理论由三个层级的概念组成。MEC 的最低层级是属性(attributes)。属性又可以分为抽象属性和具体属性。产品属性描述的是产品本身的特性,是消费者对特定产品的看法,包括产品的物质属性和功能特性等。Johri 和 Sahasakmontri(1998)的研究发现,消费者购买绿色化妆品时会着重关注 11 项产品属性,其中 9 项为基本属性(basic attributes):香味、色彩、皮肤安全性、功效、财务价值、包装、卖点氛围、有机会试用、品牌形象;2 项为绿色属性(green attributes):成分、杜绝动物实验。可以预期,低碳产品同样具有消费者关注的低碳属性,这些现有研究中未被揭示的产品属性有赖本研究予以关照和确认。

MEC 的中间层级是产品结果利益(consequence benefits),Gutman(1982)认为,消费结果是消费者对产品或服务在使用过后所产生的经验感受。当顾客感知的结果与他所期望的一致时,通常把这样的结果称为利益。利益具有主观性的特点,既可以是工具性利益,如功能利益、体验利益和财务利益,也可以是社会心理利益,如象征身份地位、展现使用者气质品质等。许守任(2012)的研究发现,低碳消费感知价值包括生态价值、情感价值、社会价值和功能价值 4 个维度,除情感价值外,其余 3 个感知价值维度对低碳消费意愿具有正向影响。就本质而言,该研究所谓的"感知价值"其实就是消费者主观感知的产品结果利益。从现有研究来看,健康、节能、省钱、环保的工具性利益,"绿活族"的使用者形象等社会心理利益在消费者的低碳产品认知结构中都得到了证实。

MEC 的最高层级是价值(values),如幸福、自尊、信仰等。价值是对特定行为或生活的终极状态的一种持续性信念,会影响个人的行为方式或生活目标。Follows 和 Jobber(2000)认为,价值观—产品特性—购买意愿—购买行为之间具有层级关系,在预测消费者的环境责任购买意愿时,个人利益(individual consequences)与产品的环境利益(environmental consequences)一样重要,价值观是态度形成的基本解释变量。研究显示,环境利益与环境责任购买意愿正相关,个人利益与环境责任购买意愿负相关;自我超越价值观(self - transcendence values)与产品的环境利益正相关,对产品个人利益的负向影响不显著;保守主义价值观(conservation values)与产品的环境利益负相关,对产品个人利益的正向影响不显著;自我强化价值观(self - enhancement values)与产品的个人利益正相关,对产品环境利益的负向影响不显著。

MEC 的三个层级间相互关联。属性层是实现结果利益层的手段,通过结果利益层帮助顾客实现价值层。属性和利益间的关系,可以是一对一或多对一的对应关系。层级越高,越抽象。相对于属性和结果利益而言,价值的表述最为抽象,属性层的定义最具体。层次越高,稳定性越高。产品属性是最不稳定的,属性或属性组合在不断地发生着变化,而个人的价值观变化最缓慢,是最稳定的。

目前,手段目的链理论在低碳消费者行为及绿色消费者行为研究中尚未得到充分应用,零星报告仅见于有机产品购买的狭窄领域。Zanoli 和 Naspetti(2002)应用"手段—目的链模型"将产品属性与消费者需求连接起来,深刻揭示了有机食品购买中的消费者动机。研究发现,不同的消费者群在有机产品的购买频率(体验)和信息水平(专业性)上存在差异,尽管大多数消费者觉得有机产品比较难买到,价格也比较贵,但他们的评价还是比较积极的。快乐、幸福是每一位消费者最为看重的价值观,因此,人们会将有机产品与不同层次抽象的健康利益联系在一起,想得到优质、美味、营养的产品。

从以上回顾可以看到,手段—目的链理论在低碳产品的消费者购买动机研究中具有广阔的应用空间与充分的理论适切性。以 MEC 为元理论,本研究从实证与图示产品属性—利益—个人价值观的消费者产品认知结构链条入手,深入剖析消费者选择低碳节能产品时的真实动机与核心价值诉求。

二、研究设计

(一)抽样方法与样本特征

本研究借助腾讯 QQ 的聊天工具,采用基于阶梯技术(laddering technology)的深度访谈法开展数据收集。网上深度访谈,有利于克服空间限制、降低访谈成本、储存和整理原始信息。样本选择为便利抽样与滚雪球抽样方法相结合,与每名受访者的访谈时间在 60～90 分钟。按照信息饱和原则,在访谈 30 个样本无新的有效信息出现时终止调查。

本次深度访谈的受访者年龄介于 21～47 岁,其中男性占 46.7%;研究生以上学历、大学本科学历、高中以下学历者各占 33.3%、46.7% 和 20%;受访者的职业分布比较广泛,涉及机械、建筑、传媒、广告等行业及自由职业者与基层公务员、在校大学生;居住地覆盖华南、华北、西北的代表性省会城市、直辖市和部分中小城市。

手段—目的链模型属于认知心理学的研究方法,侧重借助阶梯技术的研究程序来推断消费者不可观察的心理建构(mental construct),这种心理建构既不是可观察的实际的消费者行为,也不是消费者对其实际行为的口头描述,因此 MEC 的研究往往具有解释性的方法论特征,并不要求样本构成必须具有代表性(Zanoli and Naspetti,2002)。可见,本研究的样本构成符合开展 MEC 分析的样本要求。

(二)研究方法与程序

1. 测试产品的选择

为了充分获取有效的质性分析信息,在选择哪几类产品用于测试时,本研究综合考虑了以下原则:(1)消费者熟悉或有一定认知的产品与具有显著市场发展潜力的产品兼顾;(2)复杂型购买决策产品与习惯性购买决策产品兼顾;(3)耐用品与快消品兼顾。综合以上因素,最后确定 5 类产品用于测试:太阳能热水器、混合动力汽车、低碳住宅、低碳节能空调、(本地出产的)食品。实际操作中,同时设置开放性问题补充了解受访者使用或购买过的其他低碳产品,受访者列举的此类产品有自行车、节能灯、节能冰箱、投影仪、打印机、电动车、电脑等,其信息在进行质性数据的编码与归纳时一并处理。

2. 研究方法与程序

阶梯法是目前主流的用于收集手段—目的链理论分析所需数据的质性方法和访谈技术。该方法通过对受访者的一系列追问,挖掘受访者头脑中有关产品属性—利益—价值间的层级关系链条。阶梯技术又可分为软式阶梯法和硬式阶梯法。硬式阶梯法限制受访者一次仅就一层阶梯进行回答,依次向抽象层次发展。软式阶梯法则由访谈者一直以问题"为什么那对你是重要的"反复询问受访者,直到其无法给出进一步的明确答案为止(Reynolds and Gutman,1988)。本研究采用

软式阶梯法,依次向受访者询问以下问题:

(1)您使用过或有意愿购买太阳能热水器、混合动力汽车、低碳住宅、低碳节能空调、(本地出产的)食品或其他低碳节能产品吗?

(2)在购买这些产品时,对您而言最重要的产品属性是什么? 为什么那对您是重要的(一直追问至受访者无法在此层级式递进的关系链条上提供新的有效信息为止)

(3)其次,还有哪个产品属性对您而言是重要的? 为什么那对您是重要的(一直追问至受访者无法在此层级式递进的关系链条上提供新的有效信息为止)?

(4)以此方法和访谈技术询问得出受访者在面临每一种调查产品的购买决策时可能关注的产品属性,并层层挖掘背后隐藏的直至其自我意识层面的动机因素。

三、结果与分析

(一)消费者低碳产品价值阶梯图

在完成所有样本的信息收集后,由3位研究者通过人工整理共梳理出57条低碳产品的手段目的链"属性(A)—利益(C)—价值(V)"阶梯(ladder),应用内容分析法统计所有"A-C-V"阶梯中相关因素(elements)出现的频次,进而归纳提炼出4个低碳产品属性因子:低碳能源(A1)、低碳技术(A2)、品牌名称(A3)、低碳材料(A4),6个结果利益因子:成本节省(C1)、节能降耗(C2)、减排低碳(C3)、身心康怡(C4)、品质保证(C5)、利国利民(C6)和7个价值因子:社会责任感(V1)、享受人生(V2)、现代犬儒主义(V3)、新节俭主义(V4)、安全感(V5)、冒险精神(V6)、成就感(V7)并进行内容编码(Content codes)。检验显示,上述内容分析结果的编码者交互信度(inter-coder reliability)为0.84(表1),具有充足的可靠性。

表1　编码者协商认同度与编码者交互信度

	码者 A	编码者 B
编码者 B	0.63	
编码者 C	0.68	0.71

编码者协商认同度 a = 0.63;编码者交互信度 α 系数 b = 0.84

注:a. 编码者协商认同度 = 2M/(N1 + N2),其中,M 为编码者 1 和 2 彼此认同的内容编码数,N1 为编码者 1 认同的内容编码数,N2 为编码者 2 认同的内容编码数;

b. 编码者交互信度 α 系数 = N ∗ 编码者协商认同度/①,其中 N 为编码者人数。

17 个低碳产品 MEC 因子的分析结果交由两位营销学教授进行合理性甄别,在此基础上统计 17 个因子间的直接联系(direct link)在 57 条手段目的链阶梯中出现的次数,以及彼此间的间接联系(indirect link)出现的次数,据此编制表 2"含义矩阵"(implication matrix)。

表 2　含义矩阵

	C1	C2	C3	C4	C5	C6	V1	V2	V3	V4	V5	V6	V7
A1	1.0a	9.5	8.3	2.2	0.0	4.2	1.0	0.0	0.0	0.1	1.0	0.0	0.0
A2	26.8	3.1	1.0	2.4	0.1	0.0	0.1	0.1	8.2	1.1	0.0	0.1	0.0
A3	0.0	1.0	0.1	2.1	2.1	0.0	0.0	0.0	0.0	0.0	0.1	0.0	0.0
A4	0.1	1.0	1.0	3.3	0.1	0.1	0.0	0.0	0.0	0.0	0.0	2.1	0.1
C1							0.0	0.1	0.0	3.2	0.0	0.0	0.0
C2							2.5	0.0	0.1	0.0	1.0	0.0	0.0
C3							2.4	1.0	0.1	0.1	0.0	0.0	0.0
C4							0.0	6.8	0.0	0.1	0.0	0.0	0.1
C5							0.0	0.0	1.0	0.0	3.7	0.0	0.0
C6							1.0	0.0	0.0	0.0	0.0	0.0	3.0

注:a. 按照含义矩阵数据的常规标注方法,每个数据的整数部分数值为两个因子直接链接的次数,小数部分数值为两个因子间接链接的次数。

取 3 为截止值(cut – off value)②绘制图 2 所示的低碳产品价值因子阶梯图(Hierarchical Value Factor Map,HVFM),该图标示的因子路径链接数占阶梯技术原始访谈数据所有实际存在链接路径数的 83.7%。参照 Fotopoulos 等(2003)的方法,以 3 种粗细不同的箭头线标示因子间链接关系的强度,由此共发现了 5 条强链接(strong relations)的路径关系,7 条中等链接(medium relations)的路径关系和 6 条弱链接的路径关系(weaker relations)。

---

① 1 + (N – 1) ∗ 编码者协商认同度
② 即 HVFM 中只绘制被所有样本提及 3 次以上的因子路径关系。按照 Gengler 和 Reynolds (1995)的建议,确定截止值时,依据其绘制的 A – C – V 链接路径数与所有实际存在的链接路径数之比一般应介于 75% ~ 85% 之,不得低于 70%。

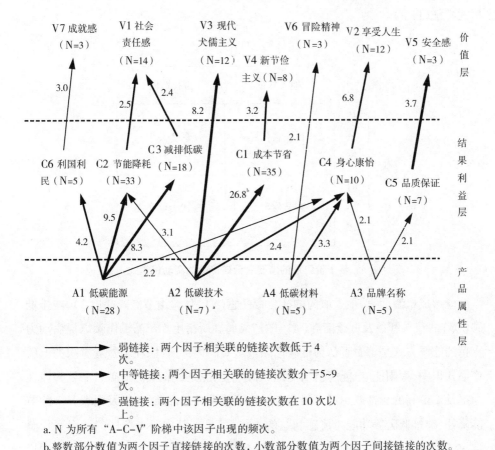

a. N 为所有 "A—C—V" 阶梯中该因子出现的频次。

b. 整数部分分数值为两个因子直接链接的次数，小数部分分数值为两个因子间接链接的次数。

图2　低碳产品的价值因子阶梯图

（二）基于价值观的消费者低碳产品购买动机及其形成机制

在图2低碳产品的价值因子阶梯图中，可以清晰地看到6条显著的产品属性—结果利益—价值（A－C－V）路径关系：（1）低碳能源（A1）－节能降耗（C2）－社会责任感（V1）；（2）低碳能源（A1）－减排低碳（C3）－社会责任感（V1）；（3）低碳技术（A2）－现代犬儒主义（V3）；（4）低碳技术（A2）－身心康怡（C4）－享受人生（V2）；（5）低碳技术（A2）－成本节省（C1）－新节俭主义（V4）；（6）低碳材料（A4）－身心康怡（C4）－享受人生（V2），从而生动揭示了消费者低碳产品购买动机的手段—目的链图示与形成机制。其中，具有4类显著的消费者价值观动机：社会责任感、享受人生、新节俭主义和现代犬儒主义（modern cynicism），其在自我意识的个体心理归因层面以及价值观时代流变的社会文化情境层面具有不同的模式特征(图3)。

自我意识		他人取向	自我取向
时代特征	传统性	社会责任感	享受人生
	时尚化	新节俭主义	现代犬儒主义

图3　基于价值观的消费者低碳产品购买动机模式

就形成机制而言,他人取向的社会责任感(V1)体验由节能降耗(C2)、减排低碳(C3)的结果利益及低碳能源(A1)的产品属性所衍生。产品工作赖以提供动力支持的能源方式是消费者认为低碳产品最重要的内部属性,在消费者有限的低碳产品知识中,太阳能、电能等清洁能源、可再生能源是最直观的低碳产品认知属性与提及率最高的属性联想源。消费者对低碳能源的产品属性,以及附着其上的节能降耗、减排低碳等功能与情感利益的关注,满足了其内心本源性的社会责任感需求。消费者价值观层面的社会责任感,其内涵既包括消费者基于泽被子孙动机的社会公民意识,也包括消费者在选择产品与服务提供者时对企业社会责任意识的要求与偏好。

享受人生(V2)的价值需求满足由身心康怡(C4)的结果利益以及低碳技术(A2)、低碳材料(A4)的产品属性所衍生,带有鲜明的自我取向特征。享受人生是产品消费最纯粹的终极目标,任何技术、材料等低碳产品属性的创新性应用以及身心康怡等结果利益的消费者感知,均可以追溯或有必要服务于这一人类物质与精神生活最原始的本质动机。

社会责任感和享受人生的价值观动机是可持续性消费情境中常见的产品购买驱动因素,可谓"传统性"的低碳产品购买动机因子,而新节俭主义、现代犬儒主义在气候变化背景下则具有低碳产品购买动机的"时尚化"特征。

今天,低碳成为一种时尚的生活方式,新节俭主义文化孕育下的低碳消费有助于人—自然—社会的和谐发展。新节俭主义(V4)的价值需求满足由成本节省

(C1)的结果利益及低碳技术(A2)的产品属性所衍生。今天,越来越多的低碳技术被应用于家电、轿车、住宅等日用消费品领域,低碳技术在消费者购买决策的产品属性衡量中占据更重要的权重成为趋势,但归根结底,其价值需要在成本节省的消费者结果利益感知中予以确认,并由此满足新节俭主义的心理与行为需求。新节俭主义提倡从物质到精神领域的简单,与传统意义上的节俭已完全不同。奉行新节俭主义的人主张在不压抑自身必要消费需求的前提下摒弃无谓的铺张浪费,扔掉多余、烦琐的部分,过精致、纯粹而简单的生活。他们宣称:不拒绝消费但拒绝浪费,不勒紧裤腰带省钱,而是用头脑选择更好的方式花钱(熊焰,2010)。可见,新节俭主义是消费者成本节省这一财务利益考量背后的价值观基础与行为本质。

在消费者低碳产品购买的动机因子中存在负面的价值意识,现代犬儒主义(V3)是阻碍消费者低碳产品价值认同的抑制性因素,由低碳技术(A2)的产品属性经由消费者的价值感知所衍生。现代犬儒主义是一种以不相信来获得合理性的社会文化形态,"说一套做一套"形成了当今犬儒文化的基本特点。犬儒思想并不带有自我罪孽感,在它那里,怀疑正统成为一种常态思想。无论从认知还是从道义来说,不相信都是常态,相信才是病态,相信是因为头脑简单,特容易上当。犬儒思想者也不再受恐惧感的折磨,因为他知道人人都和他一样不相信,只是大家在公开场合不表明自己的不相信罢了。低碳技术多属抽象的、消费者不易理解的专业概念,在消费者的低碳产品价值感知中,对低碳产品概念、低碳技术的真实性与实际效用持"怀疑论"者具有一定的代表性。

低碳带有某些阴谋论的成分,原来看过《探索发现》(discovery),里边有一部分科学家持着相反观点,认为人类在地球这种大范围的气候活动中影响力有限,而低碳这些概念被炒作,被一部分科学家宣扬,很大程度上是背后的财团需要他们鼓吹这些概念,以实现他们的利益,所以对这件事持保守态度。没有亲眼见证过其实际的科学过程,不敢确信。碳排放的计算过程没有亲眼见过公式,没有看到他成功的模拟,觉得不太确信(M2,男,24岁,学生);空调冰箱都是节能的,它写着节能而已,也不知道是不是真的节能(F1,女,24岁,互联网编辑);好多人支持节能,但真正去做又是另一回事,就是说,一般人的想法,事不关己,漠不关心。大道理都懂,做不做,又是另一回事(M1,男,25岁,公务员)。

四、讨论与建议

(一)理论贡献

本研究的第一个贡献在于系统揭示了消费者的低碳产品认知图示与心理建构机制。从研究结果看,消费者对于低碳产品的认知程度与知识结构都普遍处在比较低的层次,其关注的低碳产品属性及有限的低碳概念认知与联想多为技术、原材料、动力源等相对抽象且不易直接感知的内部属性,品牌、外观、价格等产品外部属性的提及率与认知程度相对较低,低碳产品定位型企业的品牌认知度与形象联想不显著,在所有样本中,只有"四季沐歌"等极少数的低碳品牌被偶尔提及。在低碳产品的概念认同上,具有现代犬儒主义特征的怀疑论在消费者潜意识中具有一定代表性,消费者教育将是今后低碳产品普及与市场发育必须突破的瓶颈。

本研究的第二个贡献在于深入挖掘和揭示了消费者低碳产品属性关注背后隐藏的价值观动机。创新是低碳产品生产企业发展的活水源头,将企业资源运用于产品属性层面的低碳创新无可厚非。但从手段—目的链理论所揭示的更具本质内涵的关系特征而言,企业更应洞察隐藏在消费者产品属性关注背后由利益与价值所解构出的心理动机。本研究发现,新节俭主义、现代犬儒主义、社会责任感、享受人生等潜藏于消费者自我意识层面的价值观动机对其低碳产品购买具有更深层次的影响,这些新发现对于低碳营销管理实践具有启示意义。

(二)管理启示

本研究成果对于低碳产品生产与经营企业制定科学的消费者细分、产品定位、广告沟通策略具有指导性。

就低碳消费者细分而言,价值观动机细分无疑提供了崭新且具洞察力的细分方法。"利他主义导向的社会责任践行者""追求身心康怡的享受人生族""紧跟时代风潮的新节俭主义者""对低碳技术持怀疑态度的现代犬儒主义族",这些深入肌理的消费者群像刻画是企业目标市场营销实践的重要前提。就产品定位策略而言,具有不同价值需求的低碳消费者自有其特异性的产品属性关注重点与结果利益衡量准则,通过分析价值因子阶梯图中的 A−C−V 路径关系,有助于企业针对上述不同细分族群的心理需求在产品属性、利益、价值观的不同层面上找准差异化的符合竞争需要的产品定位方向与诉求点。

就广告沟通策略而言,与普通产品更多诉求于消费者自身的利己需求不同,低碳产品购买具有更突出的利他性动机,社会责任感是消费者低碳产品选择背后的道德约束与价值取向。研究发现,罪恶感诉求的广告在激发消费者的亲环境性消费行为方面更有效(Chang,2012)。当消费者对气候变化的关注度比较低时,负向框架(negative framing)与预防性焦点(prevention focus)的广告信息对其可持续性消费的说服更具效力(Newman et al.,2012)。上述证据以及本研究的发现均说明,在进行低碳产品的宣传与推广时,不仅要强调选择低碳产品对消费者自我追求身心康怡有价值,更要强调这是一种造福子孙、功德无量的亲社会性行为,这样的沟通方式更易于让消费者在相近的价格水平、功能利益比较中对低碳产品购买产生情感共鸣和选择偏好。成本节省所带来的财务收益是新节俭主义者看重的低碳产品核心利益之一,但并非唯一关键性的产品消费结果,在企业与消费者的营销沟通中,更应该将低碳产品消费塑造成一种"潮"与时尚的生活方式,而非财务收益回报的庸俗性说教。在产品低碳技术宣传的广告设计上,要将以企业为中心的沟通风格与文案策略转变为以消费者为中心的产品诉求与呈现模式。

总而言之,为消费者创造和让渡更优异的低碳价值是低碳产品市场可持续发展的终极目标与本质途径。

(三)研究局限与未来研究方向

本研究是一项基于质性方法的探索性研究,所揭示的消费者低碳产品购买动机需要后续研究予以进一步检验。低碳产品购买动机测量指标及其量表的系统构建,低碳产品价值因子阶梯图式及其形成机制的产品类别差异、消费者类型差异的比较研究,低碳产品购买动机前置因素及其结果变量的影响关系检定,等等,有待未来研究予以深化。

参考文献

1. 李开.2005.手段—目的链模型在中国消费者价值研究中的运用[J].经济理论与经济管理,(10):68-71.

2. 王建明,贺爱忠.2011.消费者低碳消费行为的心理归因和政策干预路径:一个基于扎根理论的探索性研究[J].南开管理评论,(4):80-89.

3. 王建明,王俊豪.2011.公众低碳消费模式的影响因素模型与政府管制政策:基于扎根理论的一个探索性研究[J].管理世界,(4):58-68.

4. 熊焰.2010.低碳之路:重新定义世界和我们的生活[M].北京:中国经济出版社.

5. 许守任.2012.基于感知价值视角的低碳消费意愿研究——以昆明市居民

为例. 林业调查规划[J],(5):92 - 94.

6. Ana I. de A. Costa, Diane S, Mathijs D,. et al. 2007. To cook or not to cook: A means - end study of motives for choice of meal solutions[J]. Food Quality and Preference,18(1): 77 - 88.

7. Caird S, Roy R, Herring H. 2008. Improving the energy performance of UK househoulds: Results from surveys of consumer adoption and use of low - and zero - carbon technologies[J]. Energy Efficiency,1(2): 149 - 166.

8. Chang Chun - Tuan. 2012. Are guilt appeals a panacea in green advertising? The right formula of issue proximity and environmental consciousness[J]. International Journal of Advertising,31(4): 741 - 771.

9. Chen Mei - Fang. 2009. Attitude toward organic foods among Taiwanese as related to health consciousness, environmental attitudes, and the mediating effects of a healthy lifestyle[J]. British Food Journal,111(2): 165 - 178.

10. Cohen M A, Vandenbergh M P. 2012. The potential role of carbon labeling in a green economy[J]. Energy Economics,34(S1): 53 - 63.

11. Fischer C. 2004. Who uses innovative energy technologies, when, and why? The case of fuel cell Micro - CHP[1], Transformation and Innovation in Power Systems programme (TIPS), Forschungsstelle für Umweltpolitik, Freie Universität Berlin, Germany, http://www. tips - project. org/download/fischer_paris2004. pdf [2].

12. Follows S B, Jobber D. 2000. Environmentally responsible purchase behavior: A test of a consumer model[J]. European Journal of Marketing,34(5/6): 723 - 746.

13. Fotopoulos C, Krystallis A, Ness M. 2003. Wine produced by organic grapes in Greece: using means - end chains analysis to reveal organic buyers' purchasing motives in comparison to the non - buyers[J]. Food Quality & Preference,14(7): 549 - 566.

14. Gengler, C. E. ,& Reynold, T. J. 1995. Consumer understanding and advertising strategy: Analysis and strategic translation of laddering data[J]. Journal of Advertising Research,35:19 - 33.

---

[1] R/OL

[2] 2013 - 12 - 18

15. Gutman J. 1982. A means – end chain model based on customer categorization processes[J]. Journal of Marketing, 46: 60 – 72.

16. Guy S, Shove E. 2000. A sociology of energy, buildings and the environment: Constructing knowledge, designing practice[M]. London: Routledge.

17. Huber F, Beckmann S C, Herrmann A. 2004. Means – end analysis: Does the affective state influence information processing style? [J]. Psychology & Marketing, 21 (9): 715 – 737.

18. Johri, L. M. , Sahasakmontri, K. 1998. Green marketing of cosmetics and toiletries in Thailand[J]. Journal of Consumer Marketing. 15(3): 265 – 281.

19. Jung Y, Kang H. 2010. User goals in social virtual worlds: A means – end chain approach[J]. Computers in Human Behavior, 26: 218 – 225.

20. Lin Chin – Feng, Fu Chen – Su. 2005. A conceptual framework of intangible product design: applying means – end measurement[J]. Asia Pacific Journal of Marketing and Logistics, 17(4): 15 – 29.

21. Michaud, C. , Llerena, D. , Joly, I. 2013. Willingness to pay for environmental attributes of non – food agricultural products: a real choice experiment[J]. European Review of Agricultural Economics, 40(2): 313 – 329.

22. Mintel Group. 2011. Green Marketing – U. S. – April [R/OL]. http:// store. mintel. com/green – marketing – us – april – 2011 [2013 – 12 – 18].

23. Moreau L, Wibrin A L. 2005. Energy – related practices, representations and environmental knowledge: A sociological study[C]. ECEEE Summer Study Proceedings, 3: 1301 – 1312.

24. Newman C L, Howlett E, Burton S, et al. 2012. The influence of consumer concern about global climate change on framing effects for environmental sustainability messages[J]. International Journal of Advertising, 31(3): 511 – 527.

25. Ottman J. 2011. The New Rules of Green Marketing[M]. San Francisco: Barrett – Koehler.

26. Reynolds T J, Gutman J. 1988. Laddering theory, method, analysis, and interpretation[J]. Journal of Advertising Research, 28(1): 11 – 31.

27. Zanoli R, Naspetti S. 2002. Consumer motivations in the purchase of organic food: A means – end approach[J]. British Food Journal, 104(8): 643 – 653.

技术导向与价值导向:基于"地下水八成不能饮用"舆情事件框架分析的环境风险传播策略研究

李文竹[①]

摘　要:网络舆论常常采用价值导向的相关框架来理解环境风险,而政府管理者却多使用技术导向的相关框架对公众实施风险传播,由此导致传播效果的受限。本研究利用舆情分析工具,对2016年4月间发生的"地下水八成不能饮用"网络舆情事件进行信息数据采集,并通过对信息文本进行框架分析,描述社会公众和政府管理者在舆情风险信息传播中所使用框架的差异,并在此基础上提出包括传播目标设定、传播方法优化和传播效果拓展等在内的相应的环境风险传播策略。

关键词:环境传播　风险传播　网络舆情　水资源　框架分析

一、理论基础与研究方法

(一)理论基础

1. 环境风险的两种维度

现代社会,人们在享受着改造环境的成果的同时,也承担着环境变化带来的风险。在风险社会中,风险已经代替物质匮乏,成为社会和政治议题关注的中心。研究者认为,事实风险与公众的风险感知之间存在差异。事实上,风险包括两个层面的内容,一部分是物理性的、更为实际有形的、可被量化的危险,即技术性的

---

①　李文竹,中国新闻出版研究院助理研究员。本研究为2016年中央分成水资源费项目专题:《面向最严格水资源管理制度落实的舆情监测数据库建设研究》项目成果,项目号:2016－Q－Y－CM－073。

风险;而另一部分是由心理认知建构的危险,即感知的风险。①

在风险社会,一般公众是风险最普遍,也是最基本的受众,公众对于风险的感知和应对是决定风险社会能否平稳过渡的核心。风险认知是个体对外界客观风险的主观感受与认识。这些主观感觉受到心理、社会和文化等多方面因素影响,因此,主观的风险认知与客观的风险之间存在着偏差。在此基础上,研究者提出了"风险的社会放大框架",即在现实生活中,一些被技术专家评估为相对小的风险有时会引起公众的强烈关注,并对社会和经济造成实质性的影响;而一些被专家评估为相对较大的风险却往往遭到公众的漠视。这会导致专家对风险的评估结果难以被公众正确认知,如果风险被"放大",即人们对风险的感知和行为偏离了某种相对参照,可能会使得风险事件的发展变得难以控制。公众与风险管理者之间产生沟通的困难,并可能导致风险管理和应对的无效。②

因此,在环境风险的两种维度中取得平衡是风险管理与沟通的目的所在,平衡专家、管理者和公众之间的风险感知差异,促进专家与公众在风险感知中达成共识,才能够更加真实地认识风险,并有效处理社会中隐藏的风险。

2. 环境风险传播的两种取向

消除公众在环境风险事实面前的恐慌,达成公众与风险管理者之间在风险感知上的共识,从而协调环境风险的两种维度,正是环境风险传播的目的和意旨所在。风险传播在解决环境风险带来的问题中具有至关重要的地位。一直以来,在环境风险传播的研究中,存在技术和民主两种取向。③

技术意义上的风险又称客观风险,是结合损害的发生概率和受破坏严重程度所做出的统计学概念。技术取向的风险传播以为公众提供科学层面的风险信息为宗旨,目标是风险的科学技术分析,认为科学技术是解释、评估风险的唯一力量。但是,如勒普顿(D. Lupton)所指出的,公众的风险知识水平、风险感知、风险的接受程度等都取决于公众所在的社会环境,不同的社会背景和文化传承造就了公众对风险的理解不同,风险感知的形成更多的是一种社会发展的过程。在这样的前提下,民主取向的风险传播认为,风险传播需要更多考虑环境因素和社会价

---

① 曾繁旭. 技术风险 VS 感知风险:传播过程与风险社会放大[J],现代传播,2015(3).
② 王磊.《环境风险的社会放大的心理机制研究——社会表征结构对风险感知和应对的影响》.吉林大学博士论文.2014年.
③ 全燕. 技术与民主:风险在科学与环境报道中的传播进路与思考[J],国际新闻界,2015(5).

值观问题,吸纳更多的公众和利益相关者的参与,目标是风险沟通的公平和正义,指向生态导向和人文关怀导向,认为普通人的风险诉求必须得到承认。

环境风险传播的两种不同取向影响着环境传播者的风险沟通方式和风险传播框架,前者倡导平等分享风险负担与收益,并不强调风险负担本身的减轻。后者则倡导采取措施阻止强加给特定人群的环境危害发生。

(二)研究方法

舆情分析方法:本研究使用舆情分析工具,对"地下水八成不能饮用"舆情事件自2016年4月11日—4月19日的全部舆情信息进行抓取,获得合格样本数为3136条。研究采用系统大规模收集与人工精细筛选相结合的方法进行舆情走势、情感类型和媒介分布分析。

框架分析方法:框架分析是检验媒体呈现议题的方式对受众的影响的重要研究方法。在学者Devreese,Peter和Semetk的研究中,新闻通用框架具体包括事实框架,人情味框架,责任框架,道德框架,经济后果框架,冲突框架和领导力框架等。[①] 本研究采用新闻通用框架对抓取到的3136条信息进行内容分析,展示舆情相关议题框架的总体分布情况,旨在探索公平正义的诉求在公众风险反应中的表现,并重点关注在本次舆情事件传播中管理者和网民的差异化表现,从公众风险认知框架与政府传播应对框架的差异视角,来阐释环境风险事件演进的原因,从环境风险传播的角度寻求提升传播效果之道。

二、数据与分析

2016年4月11日凌晨(01:35:31),《每日经济新闻》根据水利部2016年4月8日在其网站公开发布的2016年1月《地下水动态月报》相关数据,采写了一篇题为《水利部摸底地下水资源:八成不能饮用》的新闻报道在网站刊出。

报道相关内容如下:

水利部最近公开的2016年1月《地下水动态月报》显示,全国地下水普遍"水质较差"。具体来看,水利部于2015年对分布于松辽平原、黄淮海平原、山西及西北地区盆地和平原、江汉平原的2103眼地下水水井进行了监测,监测结果显示:

---

① Renn,O. (2009) Risk Communication:InsightsandRequirements for Designing Successful Communication ProgramsonHealthandEnvironmentalHazards. InRobertL. Heath, H. DanO' Hair (Eds.),Handbookof RiskandCrisisCommunication. London:Routledge. P81.

Ⅳ类水 691 个，占 32.9%；Ⅴ类水 994 个，占 47.3%，两者合计占比为 80.2%。

值得注意的是，Ⅳ类水主要适用于一般工业用水区及人体非直接接触的娱乐用水区，已经不适合人类饮用，Ⅴ类水污染就更加严重。这也意味着，超八成地下水遭受污染威胁。《地下水动态月报》还显示，主要污染指标中"三氮"污染情况较重，部分地区存在一定程度的重金属和有毒有机物污染。

报道刊发后，迅速被各大网络媒体转载（表 1）。

表 1　各大主流网络媒体舆情转发列表

标题	媒体	转发时间
水利部摸底地下水资源：八成不能饮用	网易财经	01：36：02
水利部摸底地下水资源：八成不能饮用	腾讯网	05：19
水利部摸底地下水资源：八成不能饮用	中财网	07：04：50
水利部摸底地下水资源：八成不能饮用	环球网	07：59：00
水利部摸底地下水资源：严重污染八成不能饮用	新浪新闻	12：35
水利部摸底地下水资源：八成不能饮用	人民网	13：52

2016 年 4 月 11 日下午，水利部召开新闻通气会，水利部水资源司司长陈明忠在会上澄清，我国地下水饮用水水源地水质总体良好，引起广泛关注的数据主要是北方平原地区浅层地下水的监测数据，并不是地下水饮用水水源地的水质数据，目前地下水饮用水水源主要取自深层地下水。

通过对 2016 年 4 月 11 日到 4 月 19 日全部 3136 条信息进行框架分析可知，如表 2 所示，在所有舆情信息中，事实框架占比最高，其次是责任框架和冲突框架。

表 2　舆情各类框架占比情况列表

框架类型	概念阐释	数量	比例
事实框架	直接陈述新闻事实	1091	34.79%
人情味框架	通过人物故事或者情感描述视角来呈现事件和问题	22	0.70%
责任框架	强调事件和问题的责任归属，从责任承担的视角来探讨和建构议题	940	29.97%
道德框架	将视角放在道德规范的语境下阐释议题的性质，如地下水水污染问题的道德根源	42	1.34%

续表

框架类型	概念阐释	数量	比例
经济后果框架	所涉议题所带来的经济影响,如水利工程所带来的经济利益相关性	106	3.38%
冲突框架	事件背后的争议和冲突	689	21.97%
领导力框架	从政府官员等管理者行为所表现出来的领导能力的角度出发来分析事件的相关问题	246	7.84%

(一)议题框架与舆情走势

本研究将舆情事件的议题框架与传播过程结合起来进行分析,以赋予静态的框架分析以动态判断与特征呈现。由图 1 可知,2016 年 4 月 11 日当天,此舆情事件在网络上的传播量即达到 941 条。在水利部新闻通气会后,官方辟谣通稿在主流媒体中得到广泛传播,舆情在 4 月 12 日达到 1015 条的高峰后开始下降,4 月 16日后,负面舆情在经过一段下降趋势后出现小幅上扬,4 月 19 日后,此舆情事件逐渐消退。

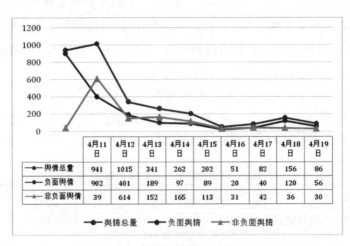

	4月11日	4月12日	4月13日	4月14日	4月15日	4月16日	4月17日	4月18日	4月19日
舆情总量	941	1015	341	262	202	51	82	156	86
负面舆情	902	401	189	97	89	20	40	120	56
非负面舆情	39	614	152	165	113	31	42	36	30

→ 舆情总量 → 负面舆情 → 非负面舆情

图 1 各类舆情整体走势图

通过对不同舆情框架在每日舆情信息量中所占比例进行分析可知,如下图所示,事实框架、责任框架和冲突框架的数量和波动幅度最大:事实框架在整体走势中所占比例从最初的最高位降到了最低;责任框架在 17 日以前在大幅波动中呈现整体上升趋势;冲突框架则整体保持了较稳定的上升状态(图 2)。

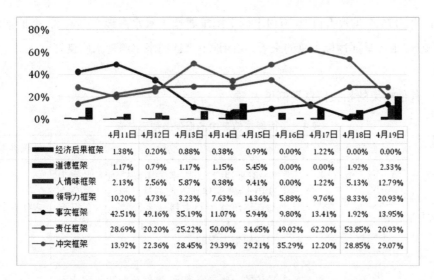

	4月11日	4月12日	4月13日	4月14日	4月15日	4月16日	4月17日	4月18日	4月19日
▬经济后果框架	1.38%	0.20%	0.88%	0.38%	0.99%	0.00%	1.22%	0.00%	0.00%
▬道德框架	1.17%	0.79%	1.17%	1.15%	5.45%	0.00%	0.00%	1.92%	2.33%
▬人情味框架	2.13%	2.56%	5.87%	0.38%	9.41%	0.00%	1.22%	5.13%	12.79%
▬领导力框架	10.20%	4.73%	3.23%	7.63%	14.36%	5.88%	9.76%	8.33%	20.93%
●事实框架	42.51%	49.16%	35.19%	11.07%	5.94%	9.80%	13.41%	1.92%	13.95%
●责任框架	28.69%	20.20%	25.22%	50.00%	34.65%	49.02%	62.20%	53.85%	20.93%
●冲突框架	13.92%	22.36%	28.45%	29.39%	29.21%	35.29%	12.20%	28.85%	29.07%

图2 舆情走势中的议题框架分布情况

(二)议题框架与情感类型

在全部3136条信息中,共有负面舆情1914条,非负面信息1222条。通过对相关数据进行框架分析可知,如表3所示,负面信息的框架类型以责任框架和冲突框架为主,非负面信息的框架类型以事实框架为主。

表3 不同情感类型舆情中的议题框架分布情况表

	负面舆情		非负面舆情	
	数量	比例	数量	比例
事实框架	98	5.12%	993	81.26%
人情味框架	12	0.63%	10	0.82%
责任框架	900	47.02%	40	3.27%
道德框架	7	0.37%	35	2.86%
经济后果框架	72	3.76%	34	2.78%
冲突框架	601	31.40%	88	7.20%
领导力框架	110	5.75%	136	11.13%

举例如下:以事实框架呈现的典型信息为政府的官方新闻通稿:

2015年18个省区地下水水质的总体情况是,Ⅱ至Ⅲ类占19.9%,Ⅳ至Ⅴ类占80.1%。但这些数据主要是北方平原地区浅层地下水的监测数据,并不是地下水饮用水水源地的水质数据。目前地下水饮用水水源主要取自深层地下水……

2014 年,175 个供水人口 50 万以上的全国重要饮用水水源地中共有 33 个地下水水源地,水质全部达标。总的来看,我国地下水饮用水水源地水质良好。

其他框架的相关信息举例见表 4。

表 4　负面舆情信息中的框架类型汇总表

标题	摘要	框架类型
《水利部摸底地下水资源:八成不能饮用》	"一般来说,城市内多采用深层地下水作为饮用水源,深层地下水不易遭受污染。"公众与环境研究中心主任马军说,"但还有很多农村地区居民饮用浅层地下水,污染将主要对他们带来影响。"	责任框架
《一份水利部月报引发的舆情"超八成地下水不能饮用"是误读》《南方周末》	受访的一些专家表示,虽然此前新闻解读不够准确,但必须承认,我国地下水问题确实很严重。其中,浅层地下水主要问题是污染,深层地下水主要问题是资源不可再生。水利部月报只是暴露了问题的冰山一角,要全面了解我国地下水问题,需要相关部门继续进行监测调查,并将调查结果向公众公开	责任框架
《关于地下水污染的貌似扯不清的话题》新浪博客	《京华时报》4 月 12 日文:"八成地下水不达标系误读"。这则消息说《月报》所谓 80%地下水不达标是指浅层地下水,浅层地下水非饮用水源,深层水源没问题,城镇饮用水水源地没问题。其实,这样的解释更是存在误导。 不说地表水和浅层地下水,本就是传统的饮用水水源,就按《京华时报》的报道逻辑,《月报》采样的"2013 眼地下水井"的具体分布情况虽未公布,但可以想象,一大部分分布在农村,而农村是没有自来水厂的,这些水在当下也是农民的饮用水源。另外,正是浅层地下水,供应着植物和动物的生长需求。权且认为城镇人口的饮水能通过消毒、净化解决,那农村呢?家畜、家禽呢?蔬菜和粮食呢?难道农村人口的饮水不用关心,难道城镇人口不吃菜不吃肉不吃粮食	冲突框架

(三)议题框架与媒介分布

在全部 3136 条信息中,通过对舆情的媒介分布情况进行分析可知,如表 5 所示:新闻网站舆情量依然最大,其次是微信,已经取代微博成为重要的信息传播渠道;同时,微博、微信中的负面舆情最多,并引领了负面舆情的增长走势。负面舆情多在自媒体中传递,主流媒体担当起辟谣的责任。

表5　不同情感倾向舆情的媒介分布情况表

		新闻网站	博客	论坛	微博	微信	手机客户端
舆情总量	数值	1462	80	268	28	1192	106
	比例	41.51%	2.27%	7.61%	0.80%	33.84%	3.01%
负面舆情	数值	657	76	266	17	800	98
	比例	34.33%	3.97%	13.90%	0.89%	41.80%	5.12%
非负面舆情	数值	805	4	2	11	392	8
	比例	65.88%	0.33%	0.16%	0.90%	32.08%	0.65%

通过对不同媒介形态的信息进行框架分析可知,如表6所示,新闻网站中占比最大的是事实框架,微信中占比最大的是责任框架和冲突框架。这进一步说明主流新闻媒体侧重于从事实角度描述水资源事件,并承担了正面辟谣信息的发布责任,而网民则倾向于将水资源风险事件从价值导向层面进行评断,个人主观考量成为网民发布信息的一般规律,主观性的立场和评判在网民信息发布中占据主导地位。

表6　不同议题框架的媒介分布情况表

		新闻网站	微信	论坛	手机客户端	微博	博客
事实框架	数值	768	199	43	60	10	11
	比例	52.53%	16.69%	16.04%	56.60%	35.71%	13.75%
人情味框架	数值	6	10	3	1	2	0
	比例	0.41%	0.84%	1.12%	0.94%	7.14%	0.00%
责任框架	数值	270	524	89	11	10	36
	比例	18.47%	43.96%	33.21%	10.38%	35.71%	45.00%
道德框架	数值	18	8	9	3	2	2
	比例	1.23%	0.67%	3.36%	2.83%	7.14%	2.50%
经济后果框架	数值	13	76	12	2	2	1
	比例	0.89%	6.38%	4.48%	1.89%	7.14%	1.25%

		新闻网站	微信	论坛	手机客户端	微博	博客
冲突框架	数值	211	327	96	25	2	28
	比例	14.43%	27.43%	35.82%	23.58%	7.14%	35.00%
领导力框架	数值	176	48	16	4	0	2
	比例	12.04%	4.03%	5.97%	3.77%	0.00%	2.50%

表 7 为微信中一些信息例证。

表 7　微信自媒体中的框架类型汇总表

媒体	标题	摘要	框架
四川新闻网－微信	80% 地下水不能喝？专家说误会！成都人民：豁鬼哟	咳咳，水利部是酱紫说：之前报道引用数据主要是北方平原地区浅层地下水的监测数据，并非当前地下水饮用水的主要水源。"八成地下水不能喝"指的是浅层地下水，我们的饮用水取自深层地下水，目前地下水饮用水水源地水质总体良好。小胖又开腔了：就是告诉你水源是安全滴，大家是可以放心滴。当然，伴随着官方辟谣而来的就是专家发声了。小胖：套路啊套路	领导力框架
地下水环境网－微信	地下水的追问还应继续？污染程度成质疑焦点	一般来说，城市内多采用深层地下水作为饮用水源。不过，很多农村地区的居民还在饮用浅层地下水，水源污染将给他们的身体健康造成影响	冲突框架
地下水环境网－微信	关于地下水污染的貌似扯不清的话题	可笑吗？浅层地下水（权且就把 30、50 米都称为浅层，被解释为不是饮用水水源，其实是广大农村的人畜禽以及植物水源）无一处 I 类水	冲突框架
水处理及再生－微信	数据打架中国地下水污染到底有多严重	地下水只是我国饮用水水源的一部分。环保部公布的 2015 年上半年全国环境质量状况显示，我国地下饮用水水源地中 87.1% 达标。到底哪些监测点水质没达标，环保部并没有同时公布	责任框架

三、结论

应当说，在本次网络舆情事件的应对过程中，政府的反应比较及时，针对媒体的片面报道，水利部当天即给予科学回应，相关媒体随后也做了纠正。但是从应对效果来看，人们对地下水污染现状的高度担忧并未得到消除。究其原因，在环境风险传播中，官方习惯于用技术导向的事实框架来应对风险舆情，但是公众倾向于用价值导向的冲突及责任框架等来评价风险，这导致两者的风险沟通出现差异化倾向，舆情的消解也只是暂时，公众的风险认知并未得到优化。

(一)传播目标设定——弥合技术风险与感知风险

风险传播的目标是通过对风险信息的有效阐释，来平衡科学家、政府与公众等利益相关方之间的关系。在环境风险传播中，政府管理者通常把注意力放在评估风险中的危险概率，从技术角度出发，使用科学话语来解说风险，试图降低人们对环境风险的感知层级。而公众对风险的评估却融合了技术知识、风险管理机构的表现和自身价值观等各类要素，此外，包括风险的不确定性和风险应对中出现的公平分配等问题均可能会提升个体对风险感知的层级。由于一贯以来对管理效率的追求，管理者很少会将各类影响个体风险感知的要素计入风险评估，这就导致官方与公众在对风险的评估中出现鸿沟。

在此次地下水污染舆情事件中，政府通过"浅层地下水和深层地下水"的区分进行辟谣，这在技术意义上无疑是正确的。但此后，诸如"还有很多农村地区居民饮用浅层地下水，污染将主要对他们带来影响""难道农村人口的饮水不用关心，难道城镇人口不吃菜不吃肉不吃粮食"此类观点陆续出现，政府却不再予以回应，这加深了人们对农村由于缺少话语权而被忽略的不满。

小概率不等于无风险，尽管水利部通过新闻通气会、媒体正面引导，以及专家阐释来辟谣，但笼统刻板的回答却无法解释这一显而易见的问题——使用浅层地下水的农村怎么办？须知，公众对政府行政能力的感知是公众信任的重要构成因素，政府在风险传播中要将技术风险与感知风险的弥合作为传播目标，尽力让公众感受到政府理解公众的环境关切，降低公众风险认知的层级，否则，尽管管理者能够使正面信息直接抵达受众，但由于没有共情因素的支持，公众情绪依然无法疏导，最终的传播目标也无法达成。

(二)传播方法优化——融合技术框架与价值框架

随着网络媒体对人们日常生活的渗透越来越深入，曾经"在一个由媒介设置公众议程并引导对话的世界中,媒介忽视的那些事情就像不存在一样"的景象已经一去不复返。互联网为公众参与讨论环境风险提供了便利平台,尤其在公众认为自己可能会受到潜在伤害时,网络上对官方观点的不信任情绪会更加明显。因此,在这种情况下,风险传播者对公众的议程引导变得愈加复杂和困难。

研究发现,以微信为代表的自媒体和主流新闻媒体在信息传播主题上存在明显差异,主流新闻媒体对官方辟谣信息的跟进较为迅速,在报道主题、消息源选择、报道立场等方面都体现出较为中立的态度,对事件的平息起到了推动作用。但以微信为代表的自媒体平台以及活跃于新媒体的意见领袖则建构了完全不同的环境风险话语框架,主题和立场更为激进。

在这种情况下,主流新闻媒体的风险传播行为不能仅仅止步于技术性框架的信息传递,以发布官方通稿为主要报道模式,而是要借机着力,针对公众意见中的不同价值倾向,对管理者以技术框架为主的信息话语形态,结合价值框架进行重新阐释,使公众看到管理者对程序正义的落实,并同时对真实的环境信息进行科学呈现,利用公众对风险的关注,增加科学信息的普及性传播,借此提高公众的科学素养,推动风险传播的效果提升。

(三)传播效果拓展——完善决策参与与信息分享机制

在环境风险事件日益频发的背景下,很多环境风险问题被弱势群体视为正义与公平问题,公众对政府日益增长的不信任成为影响风险传播效果的一大障碍,因此,真正实现风险沟通的效果,必须在风险知识分享、政府信息公开和公众决策参与等方面进行制度改进,切实提升公众与政府的沟通黏合度,才能真正实现有效的风险传播。

在风险知识的分享上,风险传播要实现弥合风险专家和公众之间的知识差,帮助具有不同视角和专业知识水平的人们分享对风险的理解和认知的目的,需要将分享建立在公众需求的基础上,尊重利益相关者的不同价值观,关怀公众的不同利益需求,才能找到知识传递的切入口;在风险信息的知情方面,自 2008 年政府信息公开条例施行以来,我国的信息公开制度为推动社会发展发挥了重要的作用。但是即便在 8 年之后的今天,"不公开是常态,公开是找麻烦"的旧式思维依然存在。作为行政机关履行职责的重要环节,政府信息公开理应在回应公众关切和诉求方面起到更积极的作用,真正将"公开是惯例,不公开是例外"树立为各级政府的自觉意识;在风险决策效率方面,风险传播的效果不仅表现在风险量级的评估一致,更是要解决因观点的冲突造成的不信任。为此,风险传播者应当积极推进科学与环境主题下的风险沟通，将知识技术纳入政策和行动决策进展之中，促成科学对社会价值的最大化，使公共讨论和方针决策建立在最优化的信息互动基础上，实现公众决策参与的效率与公平。

《人民日报》和《纽约时报》关于巴黎气候大会报道的比较研究

叶　琼①

摘　要:巴黎气候大会引起了社会各界的高度关注,所签订的《巴黎协定》(Paris Agreement)更是在《哥本哈根协议》(Copenhagen accord)的基础上迈出了关键性的一步。本文主要采用文本分析的方法,对《人民日报》和《纽约时报》关于巴黎气候大会的报道进行分析,对比中美两家媒体在报道主题、报道内容、议题选择、消息来源、意见表达上的差异。研究发现,在关于巴黎气候大会的报道中,两家媒体的报道都较少关注环境保护本身的问题;《人民日报》主要将巴黎气候大会与中国的大国外交联系起来,更关注政治议题,而《纽约时报》则更关注经济议题,关注巴黎气候大会给整个传统能源行业带来的巨大影响。

关键词:巴黎气候大会　《人民日报》《纽约时报》　环境新闻

一、引言

中国改革开放 30 多年,实现了经济的高速发展。同时,中国也感受到了这种经济增长背后隐藏的巨大忧患。2015 年十八届五中全会提出的创新、协调、绿色、开放、共享的新发展理念,把绿色发展摆在了重要的位置。环境问题成为国家关注的焦点,也成为大众关心的重要问题。

环境问题作为一个超话语体系,能将世界各国融入进来进行对话与沟通。中国的《人民日报》与美国的《纽约时报》作为中国和美国两大媒体,在巴黎气候大会这样令世界瞩目的媒体事件上的报道在一定程度上能反映出中美两国对待环

---

①　叶琼,武汉大学新闻与传播学院 2016 级研究生。

境问题的立场。

因此,本文选择《人民日报》和《纽约时报》2015 年 11 月 1 日至 2015 年 12 月 31 日关于巴黎气候大会的报道作为研究样本,采用文本分析法和比较的方法对两份报纸关于巴黎气候大会的报道进行比较研究。

二、《人民日报》和《纽约时报》关于巴黎气候大会报道的文本分析

(一)报道数量和报道时段的比较

1. 总体比较:总体报道数量十分可观

经过笔者统计,《人民日报》和《纽约时报》在 2015 年 11 月 1 日到 2015 年 12 月 31 日内关于巴黎气候大会的报道分别为 70 篇和 51 篇,在两个月的时间内这么大数量的报道真实地反映了两国对这次气候大会的重视,也反映出中美对气候问题的关注。

2. 纵向比较:报道数量胜过往届气候大会报道数量

2009 年在丹麦举行的哥本哈根气候大会,《人民日报》关于哥本哈根气候大会的报道篇数为 61 篇,《纽约时报》关于哥本哈根的报道为 31 篇①,从这个对比来看,《人民日报》和《纽约时报》在气候大会的报道上力度都有增大的趋势。

3. 横向比较:《人民日报》的报道数量胜过《纽约时报》

从统计数据上可以看出,在两个月的时间内,《人民日报》与巴黎气候大会的相关报道有 70 篇,而《纽约时报》与巴黎气候大会相关的报道有 51 篇,《人民日报》的报道数量胜过《纽约时报》,这也显示出中国对巴黎气候大会的高度重视。

4. 高峰比较:报道高峰分别出现在开幕式和闭幕式

从 2015 年 11 月 1 日至 12 月 31 日,《人民日报》和《纽约时报》关于巴黎气候大会的报道,按照每天新闻报道数量的变化,可以把每天的报道量做如下统计(图 1)。

《人民日报》和《纽约时报》关于巴黎气候大会的报道,报道集中时段存在差异。《人民日报》集中在 2015 年 11 月 26 日到 12 月 16 日,共有 47 篇相关报道,占报道总数量的 66%;《纽约时报》主要集中在 2015 年 11 月 30 日到 12 月 20 日,报道数量达到了 47 篇,大约占总报道数量的 92%。《人民日报》和《纽约时报》关于

---

① 刘姣(2011).《人民日报》与《纽约时报》关于哥本哈根气候会议报道的比较研究. 湘潭大学硕士论文. 湖南.

巴黎气候大会的报道都集中在 2015 年 11 月 30 日至 2015 年 12 月 13 日前后,反映出新闻的时效性。

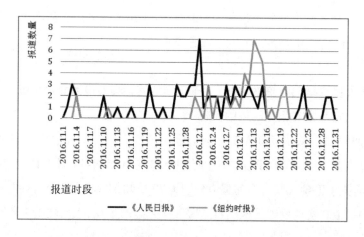

图1 《人民日报》和《纽约时报》在报道时段和报道数量
方面的比较(折线图)①

《人民日报》和《纽约时报》关于巴黎气候大会的报道在报道数量上存在一个报道高峰,都达到了每天 7 篇的报道量,但是二者的报道高峰出现的时间不一致。《人民日报》的报道高峰出现在 12 月 1 日,巴黎气候大会开幕的第二天;《纽约时报》的报道高峰出现在 12 月 13 日,巴黎气候大会结束的第二天。这种报道高峰的差异背后也反映出两国在关注巴黎气候大会的同时关注的内容的差异。

(二)报道主题和报道内容的比较

1. 版面内容

《人民日报》周一至周五总共有 24 个版面,《纽约时报》平均每天 100 个版面。

《人民日报》关于巴黎气候大会的报道主要集中在头版(第 1 版);要闻版(第 2 版、第 3 版、第 4 版);评论版(第 5 版);国际版(第 21 版、第 22 版、第 23 版,周末为第 7 版、第 8 版、第 10 版);生态版(第 9 版、第 10 版)。《纽约时报》每天固定刊出五叠:A 叠要闻,B 叠大都会新闻,C 叠经济生活,D 叠体育,E 叠艺术。关于巴黎气候大会的报道主要集中在头版(第 1 版)、A 叠要闻、B 叠大都会新闻中。详细版面分布如图 2 所示:

---

① 本表数据为本人就文本做内容分析整理所得,如果没有特别说明,以下图表的数据均为本人整理所得。

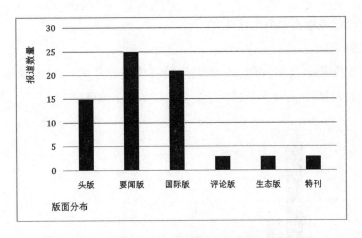

图2 《人民日报》关于巴黎气候大会的报道版面分布

《人民日报》关于巴黎气候大会的报道主要集中在这6个版面上,其中,放在头版、要闻版的稿件数量大约占到了总稿件数量的57%。

《纽约时报》关于巴黎气候大会的报道主要也集中在A叠(要闻版)和专版中,要闻版的报道大约占到了总报道数量的55%,但是《纽约时报》对巴黎气候大会的报道中只有1篇刊登在头版上(图3)。

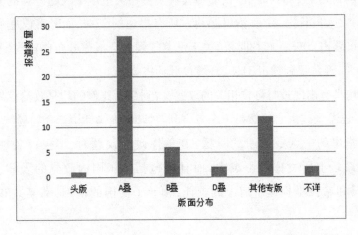

图3 《纽约时报》关于巴黎气候大会的报道版面分布①

从版面分布可以看出《人民日报》和《纽约时报》对巴黎气候大会的重视,但

---

① 不详的部分是由于笔者在收集资料时,缺失了2015年12月9日的版面资料信息,特此说明。

是《人民日报》头版占据的比重更大。

2. 议题选择

根据政治议题、经济议题、环境议题、科技议题的分类方法,笔者将《人民日报》和《纽约时报》关于巴黎气候大会的报道做了如下梳理(图4):

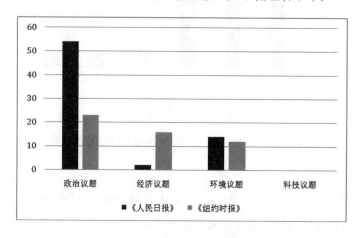

**图4 《人民日报》和《纽约时报》巴黎气候大会相关报道
中议题内容分布图**

《人民日报》和《纽约时报》在巴黎气候大会相关报道中议题内容的分布都是不均匀的。《人民日报》中政治议题约占所有报道的77%,而经济议题所占不到3%,环境议题占20%;《纽约时报》关于巴黎气候大会报道分布比较均匀,政治议题约占45%,经济议题约占31%,环境议题约占24%。

二者均没有出现过与科技相关的议题,占到最大比例的均是政治议题。这充分说明了,巴黎气候大会仍然是一个各方利益博弈,充满话语竞争的场域。

值得指出的一点是,《纽约时报》在关注政治议题时,不仅仅关注的是美国在国际政坛上所发挥的影响力,而且还包括美国国内政党的矛盾,有报道称,奥巴马和希拉里担起了肩上的责任,领导了美国的谈判,嘲笑共和党人的无知。

3. 消息来源

笔者对《人民日报》和《纽约时报》关于大巴黎气候大会的报道里的新闻来源进行了比较分析(图5)。

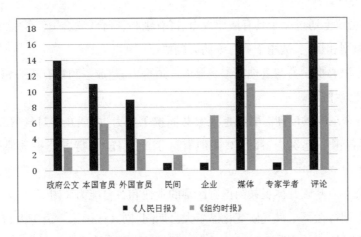

**图 5 《人民日报》和《纽约时报》巴黎气候大会相关报道
新闻来源统计表**

《人民日报》和《纽约时报》关于巴黎气候大会的报道中,政府都是最重要的新闻来源,《人民日报》的新闻来源于政府的报道有 30 篇,约占总报道数量的 44%;《纽约时报》的新闻来源于政府的报道有 13 篇,约占总报道数量的 26%。

有所不同的是,《人民日报》来源于政府的新闻报道中,所占比重最大的是政府公文,而《纽约时报》所占比重最大的是本国官员。这与《人民日报》是中国共产党中央机关报,具有高度权威性同时也追求高度权威的信源有关,而《纽约时报》则和美国把巴黎气候大会纳入本国的政党之争范围内也有关系。

从企业这个新闻来源来看,《纽约时报》所占的比重远远超过《人民日报》所占的比重,这与上面提到的《纽约时报》关心经济议题有关。从专家学者这个新闻来源来看,《纽约时报》所占的比重高于《人民日报》所占的比重。

4. 意见表达

通过对《人民日报》和《纽约时报》11 月、12 月两个月的报道的统计,笔者发现,二者在表达意见方面存在差异。

《人民日报》所呈现的主要报道框架可以表述为以下四个层面:

第一,中国领导人表明中国的态度——坚定决心携手并与其他国家领导人一道努力,达成一项富有雄心、具有法律约束力的巴黎协议①;比较核心的话语包括:

"我们将加强合作,推动年内在巴黎举行的《联合国气候变化框架公约》第21

---

① 中法元首气候变化联合声明[N]. 人民日报,2015 – 11 – 3(2)。

次缔约方会议上通过一个具有法律效力、富有雄心、符合《联合国气候变化框架公约》有关原则和规定、适用于所有缔约方的协议。"①

"坚定决心携手并与其他国家领导人一道努力，达成一项富有雄心、具有法律约束力的巴黎协议。"②

第二，全球气候治理需要的是大家共同携手努力，中国在应对气候变化问题上愿意同各国一起努力，履行共同但有区别的责任，秉持着公平的原则，尽力而为。

"以公平为基础并体现共同但有区别的责任和各自能力原则。"③

"中方期待在下个月气候变化巴黎大会期间，同其他国家一道努力，在共同但有区别的责任原则、公平原则、各自能力原则指导下，达成富有雄心的成果。"④

第三，中国是一个负责任的大国，已经采取行动，大力推进生态文明建设。应对气候问题，各国责无旁贷，中国主张通过全球气候治理，推动建设人类命运共同体。

"中国注重加快生态文明建设，大力推进绿色发展，并把这些列入基本国策。"⑤

"习主席讲话展现了中国应对气候变化的负责任态度。习主席强调，'中国一直是全球应对气候变化事业的积极参与者'。"⑥

第四，呼吁气候变化关系着我们每个人的切身利益，我们不能袖手旁观，需要积极行动起来共同应对气候变化，我国建立节能减排体系，仍需努力。

"节能减排、减缓全球温度升高，既需要国家意志，也迫切需要公民积极行动。"⑦

"低碳是人人都可以采用的生活方式。人们在追求更高生活质量的同时，应

---

① 关于东北亚和平与合作的联合宣言[N].人民日报，2015-11-2(2)。
② 赵明昊.习近平同法国总统奥朗德举行会谈，两国元首一致同意不断开创中法友好合作新局面[N].人民日报，2015-11-3(1)。
③ 同上。
④ 杜尚泽、丁子、俞懿.习近平出席亚太经合组织第二十三次领导人非正式会议并发表重要讲话，强调立足当前、面向未来，推进合作共赢，共促亚太繁荣[N].人民日报，2015-11-20(1)。
⑤ 全球气候治理寻求"最大公约数"[N].人民日报，2015-11-29(7)。
⑥ 中国理念和行动助力全球气候治理[N].人民日报，2015-12-1(10)。
⑦ 应对气候变化需要"低碳达人"[N].人民日报，2015-11-28(9)。

养成环保习惯"①

《纽约时报》关于巴黎气候大会的议题围绕着另外四个层面展开：

第一，中国和印度等发展中国家在应对全球气候变化问题上还有很大的难题。

"They continue to be widely adopted as the developing world builds its energy supply infrastructure, because whatever the emissions benefits of technologies such as nuclear fission, carbon sequestration, wind and solar, all currently have drawbacks (including cost, land use and intermittence) that hamper their deployment at scale. "②

"You're asking people to impose costs on themselves today for some future benefit they will never see. You're asking developing countries to forswear growth now to compensate for a legacy of pollution from richer countries that they didn't benefit from. "③

《纽约时报》在报道中，质疑中国提出的数据的真实性，认为中国真正燃烧的煤比实际还要多，印度在这次气候大会中要争取更多的技术和资金支持，总之，一些发展中国家可能不愿意放弃已有的经济增长来减少自己的碳排量。所以在面对气候变化协议上重重困难。

在《纽约时报》的报道中，透露出这样一种态度——巴黎气候大会上，势必存在着发展中国家与发达国家的博弈，在应对气候问题上，对发展中国家解决气候问题的能力表示质疑。

第二，美国领导人以及发达国家的领导人一直在积极努力，寻求达成一个一致的意见。

"She④sought to engage other countries on the talks early and often, and reached out to her international network of academics, many of whom are influential in shaping their governments' positions in the talks. "⑤

"The United States is putting its shoulder to the effort to complete an ambitious climate change deal. Both President Obama and Secretary of State John Kerry, who has led

---

① 应对气候变化需要"低碳达人"[N]. 人民日报,2015 – 11 – 28(9).
② Steven E. Koonin. Tough Realities of the Climate Talks[N]. The New York Times,2015 – 11 – 4 (A31).
③ The Green Tech Solution[N]. The New York Times,2015 – 12 – 1(A27).
④ 该报道中"she"指的是法国外长法比尤斯。
⑤ French Try to Avoid Mistakes of Past Climate Talks[N]. The New York Times,2015 – 12 – 7 (A7).

the American negotiators, hope to make climate change policy a cornerstone of their legacies. "①

第三,巴黎气候大会协议达成减少碳排放的建议会严重影响煤炭、石油行业的生存。

"Utilities themselves will have to reduce their reliance on coal and more aggressively adopt renewable sources of energy. "②

"the British government proposed banning coal burning power stations in the country altogether by 2025. "③

第四,巴黎气候大会提出的碳减排的目标应该怎样实施以及实施的可行性问题。

"What is needed, in other words, in addition to the Paris accord, is a gradually increasing carbon fee and dividend (a fee or "tax" on fossil fuels rebated per capita to all individuals), imposed at the source, instituted unilaterally by China and the United States, with the threat of tariffs as an incentive for other countries to follow with similar measures. "④

"To achieve that, the Obama administration is being forced to count mainly on several laws that are already on the books, rather than pursue new regulation. " ⑤

综上所述,中国和美国媒体的共同之处在于,强调国家领导人在这次巴黎气候大会中发挥的重要作用,希望能达成一个大家都认可的协议。但是中国的侧重点在于展示中国是一个负责任的大国,中国在减少碳排放、达成《巴黎协定》中提出的目标是积极行动,但是同时发达国家也应当承担起自己的责任;美国则担心发展中国家在履行责任时的无能,以及巴黎气候大会后,能源行业会不会受到冲击,最后讨论应该怎样实现《巴黎协定》中应当履行的责任。

---

① Sewell Chan Melissa Eddy. Optimism for Climate Deal Amid Divisions Between Rich and Poor Nations[N]. The New York Times,2015 - 12 - 12(A10).

② CORAL DAVENPORT. a climate deal,6 fateful years in the making[N]. The New York Times, 2015 - 12 - 14(1).

③ STANLEY REED DRAX. Clean Energy Dreams in an Increasingly Electrified World[N]. The New York Times,2015 - 12 - 11(A16).

④ WILLIAM C. TUCKER. Next Step After the Climate Accord: A Carbon Tax[N]. The New York Times,2015 - 12 - 17(A22).

⑤ We Have a Climate Pact. Now We Need Laws[N]. The New York Times,2015 - 12 - 20(BU3)

5. 语汇分析

(1)高频词分析

笔者将《人民日报》和《纽约时报》巴黎气候大会相关报道中的关键词截取出来,在统计表中,能更直观地看出,二者在关注巴黎气候大会的时候,主要在关注什么(表1)。

表1 《人民日报》和《纽约时报》巴黎气候大会相关报道中出现的高频词汇统计表

主题	名词/出现频次	《人民日报》	《纽约时报》
领导人	习近平	221	15
	奥巴马	13	71
发达国家与发展中国家的博弈	发达国家	69	0
	发展中国家	153	1
	共同但有区别的	26	*①
	Fight	*	12
巴黎气候大会相关	《巴黎协定》Paris Agreement	52	22
	减排	68	*
	Negotiation	*	23
	Talk	*	82
	Carbon emissions	*	14
	Carbon dioxide	*	16
负责任的大国形象	努力	127	*
	责任	130	*
	担当	24	*
	贡献	150	*
能源	Energy	*	167
	Coal	*	208
	Oil	*	101
经济	Economy	*	36
	Invest	*	64

---

① 星号是未做统计的部分。

由图 6 可知,《人民日报》中,"习近平"出现 221 次,"奥巴马"出现 13 次;《纽约时报》上,"习近平"出现 15 次,"奥巴马"出现 71 次。从量化统计中,我们能看出二者在强调各自在巴黎气候大会中的影响作用的不同。

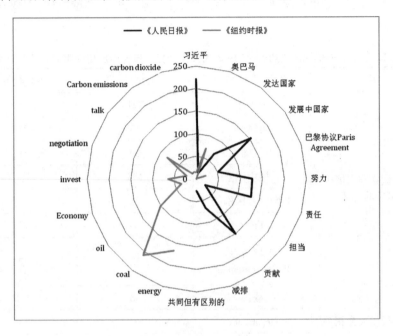

图6 《人民日报》和《纽约时报》巴黎气候大会相关报道中出现的高频词汇统计图

二者都强调在应对国际气候变化的过程中,发达国家和发展中国家所扮演角色的不同,都认识到二者在应对气候变化、达成协议的过程中所面临的利益冲突,《人民日报》把这种发展中国家与发达国家之间的博弈与斡旋表现得更加明显;美国在巴黎气候大会话语中鲜有提及发达国家和发展中国家,它不以"发达国家"的标签来标榜自身。

在报道的目的性上,中国在这次巴黎气候大会中最主要是想展现自己的大国责任和担当意识,同时站在发展中国家的立场上,积极为广大的发展中国家谋取利益;美国则明显地关注能源的发展和巴黎气候大会对经济的影响,站在发达国家的立场上,同时为资本所掌控的庞大的资源(主要是煤炭和石油)帝国发声。

在发现二者关注焦点不同的同时,也能发现相同的一点——只是单纯谈及巴黎气候大会的报道偏少。《人民日报》关于巴黎气候大会的报道中,责任、担当、贡献等词汇出现的次数均超过 100 次,但是对《巴黎协定》、减排等字眼的关注度均为两位数;能源、煤炭、石油等词汇在《纽约时报》上出现的次数均高于 100 次,《巴黎协定》、碳减排、二氧化碳等字眼出现的次数均低于 50 次。

(2)高频词翻译

在统计报道中,笔者发现,《人民日报》的报道中经常提及巴黎气候大会,在这里相当于英文的"conference",《人民日报》把巴黎气候大会作为一个很正式的会议,并且认为这次气候大会"孕育着新的发展机遇"①,这次大会无论对于中国来说还是对于国际来说,都具有重大的意义。

但是在《纽约时报》的报道中,文本更多地倾向于报道"Paris talk"或者"talk in Paris",在《纽约时报》看来,这不是一个正式的 conference,而是一个"talk",是一个权力与话语竞争的场域。正如《纽约时报》所报道的那样,"巴黎气候大会进行第二轮谈判和最后一周的斡旋,人们已经不关注气候变化是由什么造成的了,问题的焦点转向了信任和金钱两个问题上"。②

三、《人民日报》和《纽约时报》关于巴黎气候大会报道差异的原因分析

(一)国家利益博弈引发意见偏向

中国在改革开放 30 多年来,经济飞速发展,但是同时不得不承认,环境受到一定影响,中国在经济发展的过程中也在反思自身,2015 年年底,中共十八届五中全会提出了新发展理念,绿色发展作为五大发展理念之一得到了大家的一致认可;2015 年北京等地频繁发生的雾霾天气等也刺痛了国人的神经,民众也纷纷意识到环境保护对于自身的重要性。在中国,无论是国家层面,还是民众层面,对环境治理的迫切需求有目共睹。中国一直倡导的 1992 年联合国《联合国气候变化框架公约》提出的"共同但有区别的责任"原则,中国期盼着一份公平的气候协议,既能够保证经济的持续增长,又能够保护我们共同生存的环境。

美国在世界上是第一能源消耗国,据《纽约时报》报道,美国能源消耗居世界首位。作为世界能源消耗大国,当然不愿意在节能减排上牺牲自己更多的利益,所以《纽约时报》在报道的时候,怀疑中国提交的节能减排报告的真实性。认为印

---

① 气候变化巴黎大会的责任与机遇[N]. 人民日报,2015 - 11 - 27(10).
② Pledges on Climate Will Be Useless Without Action and Funding[N]. The New York Times,2015 - 12 - 7(A7).

度在这次巴黎气候大会中要争取获得更多的新能源的资金和技术支持。从根本上来说,新闻传播的出发点是国家利益。[①]

(二)经济发展水平左右利益分配

美国已经进入后工业时代,但是中国仍然处在现在化进程中,东、中、西部发展不均衡,前现代、现代、后现代地区发展并存,14亿人口中,仍然有一部分人处于贫困状态,西部山区有很大一部分是贫困县。

先发展起来的发达国家已经在之前进行工业革命的时候造成了对环境的破坏,在发展中国家高速发展经济的过程中又想严格控制这种经济发展带来的环境污染,在某种程度上会影响发展中国家的经济发展速度。这样,在发达国家与发展中国家之间必然存在着利益的冲突,在气候大会中的责任分配问题自然成为关注的焦点。巴黎气候大会已经进入第二轮谈判和最后一周的斡旋,人们已经不关注气候变化是由什么造成的了,问题的焦点转移到金钱这个问题上。说到底,是发达国家与发展中国家利益的博弈与斡旋。

四、问题与反思

(一)环境新闻报道应关注环境问题本身

像巴黎气候大会这样与气候相关的大事件,《人民日报》和《纽约时报》这样的重量级媒体给予了很高的关注。关于巴黎气候大会问题的报道既与环境问题相关,又与经济问题相关。但是两大媒体在报道环境问题的同时更偏重于政治和经济问题的现象引人深思。

对于《纽约时报》来说,巴黎气候大会这种与气候如此相关的议题更多时候被纳入了经济报道框架之内,与能源消费、经济发展联系起来;对于《人民日报》来说,巴黎气候大会中的环境议题更多地被纳入政治框架之内,强调中国在巴黎气候大会这样一个国际共同关注的事件中,承担的重要责任和做出的贡献。

笔者认为,环境问题与我们每个生活在这个地球上的人都息息相关,因此,是否可以借助巴黎气候大会,促进环境报道的发展,给予环境本身更多的关注呢?这是我们接下来努力的方向。

(二)环境新闻报道要注重政治议题与经济议题的平衡

《人民日报》和《纽约时报》关于巴黎气候大会的报道中,中国媒体和美国媒

---

① 程曼丽. 美、俄、日、德主要报纸涉华报道分析[J]. 国际新闻界. 2002(4):25.

体关注得最多的都是政治议题,这充分说明了环境问题与政治问题的相关性。

但是二者在政治议题和经济议题所占比重差距较大。在《人民日报》中政治议题的比重占到了77%,而经济议题所占比重不到3%;《纽约时报》关于巴黎气候大会的报道中,政治议题占45%,经济议题占23%。中国在报道巴黎气候大会中,政治议题与经济议题所占比重差距很大,在环境新闻的报道中,可以平衡二者的比重,更加全面地展示环境问题以及其他问题的全貌。

（三）提高环境新闻写作的细节化、专业化水平

1962年出版的《寂静的春天》开启了西方环境新闻的新时代。在环境新闻发展中,报道方式也日趋成熟。《寂静的春天》做了一个很好的表率,致力于新闻的科学性与专业化的研究。西方环境新闻在报道中很大一部分来源于专家学者的解说,一定程度上能体现出它的专业性和细节化的描述。

环境新闻在中国发展的时间尚短,有很多值得称赞的进步,但是仍然有进步的空间。增强环境新闻报道的专业性、细节化等也十分有必要。

参考文献

[1]邓利平.论环境新闻的特征表现[J].中国地质大学学报(社会科学版),2012,(3)

[2]贾广惠.中国环境新闻传播30——回顾与展望[J].中州学刊,2014,(6)

[3]王积龙.美国环境新闻的滥觞与诞生期研究[J].西南民族大学学报(人文社科版),2008,(7)

[4]王积龙.美国环境新闻40年的发展与流变[J].西南民族大学学报(人文社科版),2009,(10)

[5]颜春龙、王积龙.环境新闻在美国媒体的诞生与发展研究[J].河南师范大学学报(哲学社会科学版),2008,(9)

[6]程少华.环境新闻的发展历程[J].新闻大学,2004,(6)

[7]王利涛.从政府主导到公共性重建——中国环境新闻发展的困境与前景[J].中国地质大学学报(社会科学版),2011,(1)

[8]李景平.论21世纪环境新闻的走势[J].环境保护,2002,(8)

[9]王积龙、蒋晓丽.什么是环境新闻学[J].江淮论坛,2007,(4)

[10]王积龙.环境新闻研究的西方模式及其研究方向[J].西南民族大学学报(人文社科版),2007,(11)

[11]王积龙.美国环境新闻的社会控制研究[J].西南民族大学学报(人文社科版),2008,(3)

[12]李畅."煮蛙效应"中国环境新闻报道的问题研究[J].西南民族大学学报(人文社科版),2010,(4)

[13]宋亮.交互式报道——环境新闻报道的新思路[J].新闻界,2014,(9)

[14]王积龙.西方环境新闻的风险写作[J].社会科学研究,2009,(10)

[15]李景平.环境新闻舆论的造势作用[J].新闻采编,1999,(8)

[16]蒋晓丽、雷力.中美环境新闻报道中的话语研究——以中美四家报纸"哥本哈根气候变化会议"的报道为例[J].西南民族大学学报(人文社科版),2010,(4)

[17]曲茹、卢婷.《人民日报》、《洛杉矶时报》关于"哥本哈根气候大会"报道的对比研究[J].现代传播(中国传媒大学学报),2010,(10)

[18]刘东凯.张高丽会见联合国气候变化框架公约秘书处执行秘书菲格雷斯[N].人民日报,2014-11-18

[19]王寅.《人民日报》和《朝日新闻》气候变化科学类报道新闻框架分析[J].科普研究,2012,(4)

[20]李芝利."人民网"与"华盛顿邮报网"关于联合国气候会议报道的比较研究[D].陕西师范大学硕士论文,2014

[21]刘毅.2015热词记录生态,碳减排[N].人民日报,2015-12-29(15)

[22]裴广江,李永群,王远,邢雪,杨迅,张志文,陈效卫,倪涛,万宇,庄雪雅.创造各尽所能、合作共赢的未来[N].人民日报,2015-12-3(1)

[23]何建坤.实现"减碳""发展"双赢[N].人民日报,2015-11-29(7)

[24]单波、刘学.话语偏见与面子协商:关于汶川地震报道的跨文化分析[J].传播与社会学刊,2009,(10)

[25][美]梵·迪克.作为话语的新闻[M].北京:华夏出版社,2003

[26]Stuart Allan,Cynthia Carter,Barbara Adam,Environmental Risks and the Medi「a M」,London:Routlege,2000.

[27]Agenda-Setting Perspective.[J].Business Strategy & the Environment (John Wiley & Sons,Inc),Jul2014,Vol.23 Issue 5,p349-360.12p.3 Charts,4 Graphs.

[28]Obama making calls to negotiate climate deal,Kerry says[N].The New York

Times,2015 - 12 - 9

[29] Next Step After the Climate Accord: A Carbon Tax [N]. The New York Times,2015 - 12 - 19(A22)

[30] We Have a Climate Pact. Now We Need Laws[N]. The New York Times, 2015 - 12 - 20(BU3)

[31] Optimism for Climate Deal Amid Divisions Between Rich and Poor Nations [N]. The New York Times,2015 - 12 - 12(A10)

[32] CHINA IS BURNING MUCH MORE COAL THAN IT CLAIMED - New Figures Complicate Paris Talks to Limit Climate Change[N]. The New York Times,2015 - 11 - 4(A1&A8)

[33] India,Facing Climate Change,Also Desperately Needs More Energy[N]. The New York Times,2015 - 11 - 11(B7)

新疆主流媒体气候传播框架分析

艾维依　张　瑞①

摘　要:在应对全球气候变化的过程中,气候传播发挥了重要的作用。但与欧美国家不同的是,我国的气候传播研究起步较晚,且研究主要集中在国际关系中的气候传播实践,国内及各省份的理论研究并不多。新疆由于生态环境复杂,气候条件多变,研究新疆地区的气候传播具有较强的学术价值和实践意义。本研究主要从气候传播的现状、主要原因、对策等方面,对新疆的气候传播做了一番剖析,以期待新疆气候传播能力的进一步提升,从而给人民群众带来更多方便与实惠。

关键词:新疆　气候变化　气候传播　主流媒体

一、绪论

(一)研究缘起

1. 气候变化问题的由来

与天气不同,气候不是短时间内的一种气象表现,而是指长时间内天气的平均或统计状况,主要反映一个地区的冷、暖、干、湿基本特征。21世纪以来,地球气候正在经历一次以全球变暖为显著特征的变化,我国的气候变化趋势与全球气候变化的总趋势十分相似。受全球气候变化的影响,海平面上升、冰川融化、热浪侵袭、物种灭绝等生态危机逐渐显现,严重威胁着人类的生存与发展。

---

① 艾维依,新疆职业大学,讲师,研究方向:多民族地区文化传播研究,广告创意设计;张瑞,新疆财经大学硕士研究生,研究方向:多民族地区文化传播研究。基金项目:自治区高等学校人文社会科学重点研究基地新疆社会经济统计研究中心项目《新疆生态文化传播动态分析研究》(项目编号:050315c04)

2. 新疆的生态环境及气候状况

作为中国陆地面积第一大的省级行政区，新疆总面积占中国陆地面积六分之一（166 万平方千米），但由于地处欧亚大陆腹地，新疆却是一个典型的内陆干旱区，其地貌格局山盆相间，从而形成了多样复杂的生态环境。

首先，"三山两盆"的地貌格局。

新疆的地貌格局可以用"三山夹两盆"来形容，也就是高大的山脉相间着广阔的盆地，自北向南分布着阿尔泰山、准噶尔盆地、天山、塔里木盆地、昆仑山。昆仑山脉最高的乔戈里峰海拔 8611 米，是世界第二高峰。新疆被天山分为南北两大部分，天山以南为南疆，天山以北为北疆。"三山两盆"的地貌格局为生物系统的多样性提供了地貌条件。

其次，恶劣极端的气候状况。

新疆深居内陆，是欧亚大陆的中心，在全球气候变暖的情况下，与往年相比，2016 年全疆大部分地区年平均气温异常偏高，降水量偏多，极端天气气候事件频发，出现的主要气象灾害有暴雪、高温、暴雨、冰雹、大风、沙尘等。诸多恶劣的天气给人民群众带来很大的不便和损失。

最后，敏感脆弱的绿洲生态。

绿洲是指在有稳定水源的干旱荒漠中，适于植物生长和人类生栖的独特地理景观地区，而新疆仅占全区面积 4.2% 的绿洲养育着全疆 95% 的人口。新疆是我国荒漠化土地面积最大、危害最严重的地区，在自然因素和人为因素（主要是过度开垦和水资源利用不当）的双重影响下，新疆的荒漠化严重威胁着绿洲的生态环境。

（二）研究问题

1. 气候传播研究的兴起

随着全球平均气温的升高，应对气候变化的任务变得愈来愈紧迫、重要，气候传播随之兴起并得到广泛关注。欧美一些发达国家是世界上最早开展气候传播研究的。20 世纪 80 年代，气候变化就已进入欧美科学家的公共议程，但在随后的长达十多年内，关于气候是否变暖以及气候变暖是否系人为造成的争论一直没有停息。整体上看，西方学者对气候传播研究的重点主要放在气候传播在人类应对气候变化中的作用和影响方面。

相较于欧美学界，在中国，对气候传播的专项研究起步晚了十年左右。2010年，中国气候传播项目组作为国内首个有关气候传播的专门研究机构成立，项目中心主任由中国人民大学郑保卫教授担任。2015 年 11 月 30 日,第 21 届联合国气候变化大会在法国巴黎举行,本届气候变化大会召开之前,郑保卫教授主编的第二本研究成果著作——《论气候变化与气候传播》一书正式出版。从气候传播战略与策略研究、气候传播主体及效果研究、气候传播公众研究、气候传播文本研究等几类研究来看,作为传播学的一个部分,气候传播研究科学的理论框架与学术体系在我国正日趋完善。

2. 我国媒体在气候传播中的角色定位

气候传播有五大行为主体,分别为政府、媒体、社会组织、企业和公众。新闻媒体作为其中的引导者,在气候传播中的角色定位至关重要。结合我国媒体近年来对气候会议的报道以及在气候传播中的实践,可将我国媒体在气候传播中的角色定位具体概括为三个方面:

第一,设置气候变化议题。近年来,正是由于新闻媒体对气候变化的大量报道,将气候变化议题引入公众的视线,人们对全球变暖的科学认识和高度重视才得以实现。

第二,解释气候变化知识。由于气候变化属于自然科学知识,专业性和科学性较强,公众不易理解和接受,这就需要大众传媒在传播相关方面的科学知识时,尽量转化为通俗易懂的文字语言,提高公众适应并减缓气候变化影响的责任意识,从而带动公众也参与到应对气候变化的治理中来。

第三,助推气候大会谈判。新闻媒体在气候大会谈判过程中,积极传播本国政府的立场和信息,从而达到试探其他国家的立场和目的,树立本国的话语权和影响力,并有助于谈判进程的推进。

(三)研究目的及研究价值

1. 研究目的

在应对全球气候变化的过程中,气候传播起到了十分重要的作用。但不同于欧美,我国的气候传播研究起步较晚,直到 2009 年年底在哥本哈根召开的联合国气候大会才引起学术界的关注。同时,由于我国的研究主要集中在国际关系中的气候传播实践,国内及各省份的研究更是寥若晨星,而新疆生态环境多样复杂,但到目前为止尚未有关于新疆气候传播的研究。因此,对新疆的气候传播研究可以丰富我国局部地区的气候传播理论体系,并对新疆媒体在气候传播实践中存在的问题提出建议。

2. 理论价值

在我国,气候传播还没有发展成熟,还没有成为一门符合学术规范的独立学科。而且,对气候变化中的传播问题进行的研究大都是从其他领域(如政治学、心理学等)切入,从新闻传播学对气候变化科学进行交叉学科的研究还很少。也就是说,气候传播目前在我国还缺乏全面的理论概括和系统的理论阐释,更不用说我国国内各省份的气候传播研究。因此,对新疆的气候传播进行研究的首要价值,就是有助于丰富我国气候传播的整体性和系统性。

3. 实践价值

气候变化问题的解决,不仅依赖新闻媒体的传媒报道,政府、社会组织、企业以及公众都承担着不可推卸的义务和责任。本研究对这几大行为主体具有一定的参考价值,有利于社会各界形成良性互动,共同推进生态文明建设。此外,从新闻业务角度讲,还可揭示新疆主流媒体在气候传播实践方面的不足,之后针对问题加以改进,具有较强的现实意义。

二、文献综述

(一)国外研究综述

对气候传播的研究,起源于西方。由于西方的气候传播实践丰富,所以早在20世纪末和21世纪初,来自英美等国的不同学科(如环境学、社会学、人类学、地理学、心理学、文化学、政治学、新闻学以及传播学)的学者们就已经开始研究气候传播的相关议题。如美国耶鲁大学环境与森林学院实施的气候传播项目、乔治梅森大学气候传播中心和全球著名调查机构皮尤研究中心的全球气候变化项目,以及哥伦比亚大学环境决策研究中心等,都进行了有关气候传播项目的研究,并公布了相关研究成果。

国外的气候传播研究主要包括以下几个领域:

第一,媒体的气候传播实践研究。主要分析媒体在气候传播中的作用、媒体在气候传播过程中的角色定位、媒体如何设置气候变化议题影响公众对气候变化的态度并做出行动反应,以及媒体在气候传播报道过程中存在的优点和不足等。

第二,气候传播的策略与技巧研究。国外不少学者结合不同的学科知识、运用大量实证分析法来对气候传播的策略与技巧进行研究。

第三,气候传播的受众态度及传播效果研究。美国耶鲁大学气候传播项目组认为,对于任何气候变化问题的沟通,最主要的就是"认识你的观众"。不了解公众关于环境变化相信什么、知道什么、期待什么就不可能与他们高效地沟通。

(二)国内研究综述

我国从学术领域关注气候变化问题,是从 2009 年年底在哥本哈根召开的联合国气候谈判开始的。2010 年 4 月,国际扶贫和发展组织乐施会和中国人民大学新闻与社会发展研究中心共创建的中国气候传播项目中心成立,标志着发展中国家有了第一个致力于气候传播的专门机构,此方面研究才被正式启动。

这个项目组已经先后开展了"后哥本哈根时代政府、媒体、社会组织的角色及影响力研究""通往坎昆——气候传播系列行动""走向南非——气候传播战略研究"三个系列研究项目。我国关于气候传播理论研究涉及主要内容包括以下方面:气候传播史研究;气候传播主体研究;气候传播案例研究;气候传播受众研究和气候传播效果研究。

(三)气候传播的概念界定

中国人民大学郑保卫教授把气候传播界定为:气候传播是一种有关气候变化信息与知识的社会传播活动,它以寻求气候变化问题的解决为行动目标。由于气候传播对于我国的广大受众来说还比较陌生,因此有必要对与气候传播相关的生态传播、科技传播、环境新闻、气象新闻这几个专业名词进行比较、区分。

1. 环境新闻、气象新闻

环境新闻就是对新近发生的环境变化及其影响(直接或间接影响)的新鲜事实的报道,气象新闻则是对新近发生的气象变化及其影响的报道。新闻和传播的不同之处在于,新闻侧重对于事实的客观呈现,而传播则是社会信息的传递或社会信息系统的运行。

2. 生态传播、科技传播

生态传播这一概念最早由铁铮教授提出,他认为,生态传播就是指人类与生态直接或间接的信息传播活动。关于科技传播的定义,我国孙宝寅教授认为,科技传播是科技信息运动的一种形式,其目的是实现科技信息的交流与共享。通过比较三者的定义可以发现,气候传播与生态传播、科技传播既有联系又有区别。联系就是三者都是一种社会信息传播活动,而且气候问题与生态文明建设密切相关,同时气候变化本身就是一种自然科学现象,与科技传播也有关联。但三者的区别也很明显,生态传播和科技传播的外延比气候传播更为广泛。

三、研究方法

1. 文献研究法

文献研究法主要指收集、鉴别、整理文献,并通过对文献的研究形成对事实的科学认识的方法。文献法的过程主要包括五个基本环节:提出课题或假设、研究设计、收集文献、整理文献和进行文献综述。文献研究法是在前人和他人集体智慧上进行的调查,能够有效地获取知识,优点诸多。

2. 内容分析法

内容分析法是一种收集资料的方法,也是一个完整的研究方法,其主要目的是分析传播内容所产生的影响力,是指对具体的大众传播媒介的信息所做的分析,是对大众传播内容客观的、系统的和定量的研究。

四、当前新疆主流媒体气候传播的框架分析及讨论

本文以《新疆日报》、新疆电视台的《今日聚焦》、天山网为例,收集了 2014 年 1 月 1 日至 2014 年 12 月 25 日有关气候方面的报道,进行分析。

(一)样本选择

笔者对上述媒体在 2014 年 1 月 1 日至 2014 年 12 月 25 日期间有关"气候传播"的报道进行了收集整理与分类统计,主要采取内容分析和文本分析的方法对收集的资料进行整理归纳。

在收集样本的过程中,分别以"气候变化"和"生态文明"为关键词进行搜索,三家新疆主流媒体共获得报道 116 篇,除了重复、无关和只提及关键词但无具体描述的 52 篇报道,最后筛选出可供分析的报道一共 64 篇。

(二)各类媒体气候报道的总体情况(数量及走势情况)

从 2014 年 1 月 1 日至 2014 年 12 月 25 日,三家主流媒体关于气候传播共有 64 篇报道。其中,《新疆日报》共发布 36 篇报道,新疆卫视《今日聚焦》7 篇,天山网 21 篇。新疆主流媒体有关气候报道的特点及趋势有以下几点:

1. 报道的数量与时间并不均衡

2014 年 11 月 29 日至 30 日,国家主席习近平赴法国出席气候变化巴黎大会期间,各国共同商讨如何应对气候变化、提升经济发展水平,实现人类可持续发展。此时报道数量在 2014 年 12 月突然达到顶峰。开幕式上,习近平主席再度阐述了中国对气候变化的主张,从而引发了新一轮的报道与关注。

2. 官方、专业人士及机构是主要信源

新疆主流媒体关于气候的报道中大部分信源来自官方(新华社、《人民日报》等国家级和中央级权威媒体)、专业人士和机构及部分民众,转发性的报道也有不少。信源的选择也体现出在气候这一主要议题的表达上,新疆主流媒体着力向公众解读气候的内涵,通过官方文件的原文、专业认识的解释以及民众个体的故事,更好地将气候这个较为抽象宏观的议题传递给公众。

3. 硬新闻、软新闻双管齐下

在新疆主流媒体的报道中,关于气候的两大类报道泾渭分明,互相映衬。一方面配合时政与硬新闻需求,发布与气候有关的国内外新闻与评论,让受众了解与气候相关的近期新闻事件;另一方面设定定期刊出的生态文明栏目,以每周一篇人物特稿的方式,以小见大,让受众对气候有更为生动的了解和体会。

(三)类目制定

类目为报道内容类别,编码单元为整篇报道。本研究通过类目制定将相关整篇报道进行分类、整理。一篇报道的主要内容可能是多方面的,如有的报道同时将气候变化的严重程度以及范围作为主要内容,对此类报道的归属问题,在处理时将它们同时归于类别内容范围内。

经过研究新疆三家主流媒体对气候的相关报道,主要集中在下几点:气候变化现象的报道;生态保护行动;解读政策为主的报道;提出生态发展的理念。

(四)目标样本分析

1. 报道主题框架分析

本研究对新疆三大主流媒体的报道议题做了提炼与归纳,如下文所示:

首先,通过研究分析《新疆日报》对气候报道的内容可以看出,其对气候变化现象这一主题的报道,以及造成气候变化的原因报道得都比较客观。如《2014年全疆十大天气气候事件发布》(《新疆日报》)报道了自治区气象局发布的新疆十大天气气候事件,对其具体情况进行了客观、简洁的记录式报道,只是向受众提供了事实。

其次,天山网页面上专门开设了"环保新疆——推进生态文明,建设大美新疆"专题,其板块有生态保护、环境与生活、环境时评、美丽新疆等。此专题内的报道主题主要是针对气候变化所做的生态保护措施,以及环境与生活的息息相关,还有对环境政策解读的深度报道。《呼吸科专家提醒您土雨天出门戴口罩回家清鼻腔》(2014年4月27日),面对沙尘来袭,新疆乌鲁木齐市尘土飞扬的气象状况,呼吸科专家提醒您:土雨天气尽量少出门,如需出行,请戴好口罩,回家须清洁鼻腔。此类报道解释了环境变化对生活产生的危害,惊醒受众要有环保意识。

最后,新疆卫视《今日聚焦》聚焦社会热点,以栏目的形式分析新疆的发展图景,以生态发展为理念,建设大美新疆。其中一期最具代表性的节目是《生态立区展大美新疆》,本期栏目主要讲述了自中央新疆座谈会召开以来,自治区党委、自治区人民政府始终坚持"环保优先、生态立区"发展理念,走"资源开发可持续、生态环境可持续"的道路,生态文明建设,为大美新疆的巨幅画卷留下美妙的色彩。

2. 报道议题分布分析

通过对64篇报道样本的主要议题进行分析,大体可以将报道分为两大类:一是在"气候变化"议题下的相关报道,二是"生态文明"相关的新闻报道与评论。这两类报道关注的主要议题分别是:

第一,气候变化。

这一类的报道主要以新疆气候环境的变化特写为主,讲述新疆气候变化的多样性以及影响。在总体相关的64篇报道中,共有25篇新疆气候变化的报道。

关于气候变化这一议题,《新疆日报》、天山网报道数量比较多。特别是天山网是新疆重点新闻宣传网站,网页的首页专门设立了环保新疆专题部分,环保新疆板块的主题是推进生态文明,建设大美新疆。环保新疆专题下设环境要闻、生态保护、环境时评、环境与生活、美丽新疆等板块,各个板块中都有与气候相关的新闻报道内容,天山网对气候传播议题的设置大致包括以下几个角度:新疆的气候变化情况、新疆为应对气候变化所出的积极举措、新疆的大气污染治理工作以及对国家新近出台的气候方面的法律介绍等,其中有一个板块是"生态保护"。

第二,生态文明。

生态文明建设是中国特色社会主义事业的重要内容,关系人民福祉,关乎民族未来,事关"两个一百年"奋斗目标和中华民族伟大复兴中国梦的实现。总体上看,我国生态文明建设水平仍滞后于经济社会发展,经济社会可持续发展是我国当前一个重要发展战略。由于新疆气候环境的多样性,贯彻落实生态文明发展理念,对新疆生态环境可持续具有重要作用。

新疆卫视《今日聚焦》抓住社会热点,根据新疆气候环境的多样性以及发展的实际问题,在2014年期间,制作出七期有关新疆与环境发展的节目,向受众传达出新疆经济的可持续发展必须与生态环境可持续和谐共存的理念。《生态立区展大美新疆》这期节目的主要内容是:自中央新疆座谈会召开以来,自治区党委、自治区人民政府始终坚持"环保优先、生态立区"发展理念,走"资源开发可持续、生态环境可持续"的道路,生态文明建设,注定要在大美新疆的巨幅画卷上留下浓墨重彩的一笔。在这条通往美好的未来的绿色道路上,新疆人充满自信。

3. 报道版面(时段)

《新疆日报》是中共新疆维吾尔自治区委员会机关报,是全国唯一一家用四种文字出版的报纸,《新疆日报》总共有八个版面:一至三版是要闻,第四版是国内国际新闻,第五版是专题,第六版是综合新闻,第七版是西域风,第八版是辉煌60年。《新疆日报》对气候变化方面的报道主要分布在要闻、国内国际、专题、综合新闻版面上。综合分析各个版面上与气候相关的新闻报道内容,与气候传播议题相关的议题大致包括以下几个方面:新疆的气候变化情况、新疆为应对气候变化所做的积极举措、新疆的大气污染治理工作、对国家新近出台的气候方面的法律文件的介绍解读以及国家气候大会主张措施等。

天山网是新疆重点新闻宣传网站,网页的首页专门设立了环保新疆专题部分,环保新疆板块的主题是推进生态文明,建设大美新疆。环保新疆专题下设环境要闻、生态保护、环境时评、美丽新疆等板块,由于天山网容量比较大且时效性比较强,天山网上还设置多个新疆环保网站与平台页面,如新疆环保厅官网站,新疆环保公众网站,新疆环保微信平台,新疆环保庭微博,新疆环境宣传微博。这为受众了解新疆气候变化提供了窗口,也有利于向受众进行气候方面知识的传播与普及。

新疆卫视《今日聚焦》是新疆卫视新闻类栏目,聚焦社会热点,每晚22点播出。

4. 消息来源

报道信源方面,新疆主流媒体有关气候传播的报道中,大部分信源来自官方信源(国家权威文件、新疆有关气候的重要会议与指示);在转发新闻时,则大多引用中国官方媒体(新华社、《人民日报》等国家级和中央级权威媒体)。直接来自民众的信源极少。信源的选择也体现出在气候传播这一主要议题的表达上,大多从新疆的自身去叙事,以新疆主流媒体为主要信源也体现出对这一议题的自采能力与原创性的不足。

5. 报道体裁

体裁方面,消息占了绝大部分,深度报道与评论并不少见。不同媒体的报道体裁有较大差异。报道数量最多的《新疆日报》在三类体裁上分布相对均匀,均有所涉及;新疆卫视的《今日聚焦》七篇专题报道节目;天山网则以深度报道和评论的方式阐述气候变化。广播电视媒体与传统纸媒有较大的差距,以消息报道为主要内容。值得注意的是,天山网与其他媒体在报道内容上有较大的差别,所报道的消息几乎全部为转发内容,转发来源以中国官方为主,而这些报道的名称也较为特殊,基本上以天山网从中国官方媒体监测到的报道为名,以拼凑摘录的方式,播报新闻。

6. 报道基调

气候变化报道是以党报为中心的主流媒体新闻实践的重要领域,在气候变化事件报道中党报往往在环境监测、社会协调、舆论引导等方面扮演着主导性角色与作用,同时在和谐民族关系建设方面扮演着重要的角色。总体来说新疆的主流媒体对于气候变化事件的报道是以积极向上,弘扬主旋律的基调为主线的。

新疆主流媒体《新疆日报》、新疆卫视《今日聚焦》、天山网都是新疆对外宣传的重要窗口。三家媒体紧紧围绕中央有关指示以及新疆自身的特点,对新疆有关气候的报道以客观描述为基础,再在会议及相关政策的指导下,新疆主流媒体做出积极正面的报道。

五、新疆主流媒体气候传播现状分析

(一)存在的主要问题

1. 报道幅度不够、力度不强

从气候报道方式来看,表现为版面不能固定,头版头条偏少,缺乏长期议程,后续报道欠缺,实用性和针对性较弱等,都使得传播效果较差。本来气候报道的对象十分广泛,但是一些媒体的报道往往顾此失彼,重深度报道的报道面过窄,报道面宽的又是浅尝辄止,而且报道所涉及的内容和话题大多都是出自一样的题材,这些都影响了气候报道的传播效果,使得整个报道传递的信息量显得非常有限。

2. 媒体与政府、公众互动性弱

一些媒体在报道气候时主体意识不强,主动性欠缺,将气候报道简单地理解为一种政治宣传或是上传下达的任务,另外,这两年一些媒体主要关注气候谈判,以及政府媒体和公众在气候谈判中发挥什么作用,在向公众传播方面关注不够。媒体、政府、公众三者之间的互动性不强。

3. 报道缺乏可读性或专业性过强

媒体报道比较生硬,缺乏可读性,使得受众失去关注新闻报道的热情和耐心,那么气候传播也就无法达到其应有的效果。

4. 大众传播功能减弱

一些媒体不能充分发挥主观能动性,不能积极地对气候问题进行持续关注,也不能主动发挥自身具有的舆论监督作用,这些都导致了对气候问题缺少了重要的舆论监督,因此使得大众传播的环境监测功能也有所减弱。

(二)主要原因分析

1. 从社会环境方面来说

最能准确形容气候传播这个话题的一个词就是"争议性",其争议性来自气候变化研究本身,这是一门年轻的学科,很多尚未被探索出来的问题让气候变化研究不仅难解,而且争议不断。另外,"气候传播"自从被提起,就在各种利益纠结过程中被赋予不同的意义,从而更加扑朔迷离。

2. 从媒体环境方面来说

如何让公众真正了解气候变化,一直是媒体和科普工作者的重要议题。气候传播自 2009 年兴起之后,现在正是推进气候变化报道的最好时机。而媒体和科普工作者在与公众进行沟通,把远在天边的气候问题拉近到人们身边,使高位运行的低碳政策在普通人中间找到落脚点方面做得还不到位。

3. 从政治因素方面来说

气候变化在我国被举国关注就是从 2009 年的哥本哈根气候大会开始的。由于国家层面对这个议题的重视,我国公众也开始普遍关注,现在这个话题已经成为影响国家发展政策的重要因素。

4. 从经济因素方面来说

应对气候变化要坚持共同承担的原则,要坚持在可持续发展的框架下应对气候变化的原则。对于发展中国家来说,只有发展经济才能更有效地应对气候变化,所以从中国的国情和实际出发,应该将坚持推进经济建设和低碳发展结合起来。

六、对策及建议

(一)树立正确报道理念

中国的气候报道应从指导思想上加以重视,让媒体积极承担起应尽的社会责任,同时加强传播者的主人翁意识,记者不能仅仅是简单的传达和记录者,还要有辩证和怀疑精神,变被动为主动,这是气候报道的平衡性和科学性的体现。积极发挥媒体的主观能动性,尤其是在气候报道中,应了解气候变化背景以及变化过程和发展情况,看清表象背后的事实真相。只有这样才能更好地关注气候变化问题,更好地发挥气候传播者的舆论监督作用。

(二)媒体利用各自优势提高传播策略

首先,媒体应积极探索新兴的宣传模式,从各个方面去获取气候信息,使得报道出来的内容更为丰富多样。其次,"无论是专业媒体还是大众媒体都应该努力扩大气候报道面,扩展气候报道内容,关注气候问题的方方面面,从而带给受众更加全面的气候信息。"最后,应该创新气候报道手法,重视在细节方面的描述,采用故事化的报道方法来吸引受众。尽可能地反映本地的气候变化问题,拉近与受众的心理距离。学会用图片的方式来报道气候问题,尤其是具有视觉冲击性的摄影和图片,更能起到很好的传播效果。

(三)媒体积极发挥联结政府和公众的交流平台作用

媒体、政府、公众作为气候传播的主体,媒体是信息的传播者、舆论的引导者和第三方的观察者。政府是谈判的主体、信息发布的主体,也是新闻内容的主体。公众是活动的参与者,民意的表达者,谈判的推动者。媒体、政府、公众之间的关系决定了三者的角色定位,我们应努力将这一角色认同从理论转化为实践,促进三者之间的有效互动,从而发挥各自在气候传播中的巨大作用。具体可以从以下方面出发:建立三者互动的常规机制;探索三者互动的有效途径;改进三者互动的良好策略。

(四)新媒体环境下,加强媒体互动传播

对于新媒体或者传统媒体来说,它们都有各自的优势与不足,但是新媒体并不能在各个方面完全代替传统媒体,传统媒体也不可能完全消失。而最有效的途径是对资源进行重新整合,让新媒体与传统媒体优势互补,进行有效的融合,走一条新旧媒体融合的"双赢"之路,从而促进我国传媒事业的健康良性发展。总之,二者只有全方位、多角度地进行合作,才能及时、严谨地把气候报道传达给大众,从而使我国的气候传播能力走上一个新的台阶。

七、结语

新疆的气候传播经历了艰难曲折的发展过程,既取得了卓越的成效,也遇到了一些挑战。气候传播关心的是有关人类生存发展的根本性问题,因此一直被全球所关注。目前中国正处于工业化和城市化快速发展的重要时期,这一时期也是消耗资源最多的时期。所以既要努力发展经济,又要尽量节能减排,积极响应可持续发展的号召。而气候传播必须解决的问题就是让可持续发展的观念深入人心,让每一位公民都能自觉保护环境,响应低碳生活。因此只有不断创新气候报道的能力,努力寻求气候报道的新途径,人民群众的环保意识才能得到明显提升,中国的自然资源和社会环境才能真正得到改善。

参考文献

[1]郭庆光(2011). 传播学教程. 194 – 196. 北京:中国人民大学出版社.

[2]郑保卫,李玉洁(2011). 论气候变化与气候传播.《国际新闻界》,33(11),56 – 62.

[3]王嫣(1999). 电视环境报道应形成强势.《中国广播电视学刊》,(12),48 – 49.

[4]陈朝晖(2014). 我国生态传播研究的现状与走向.《现代视听》,(12),6 – 10.

[5]孙宝寅(1997). 科技传播导论. 26 – 29. 北京:清华大学出版社.

[6]联合国政府间气候变化专门委员会(2014 年 11 月 2 日). 第五份评估报告要点. 2016 年 3 月 1 日访问于中国气候变化信息网,http://www. ccchina. gov. cn/Detail. aspx? newsId =41458&TId =58.

[7]新疆维吾尔自治区气象局(2015 年 12 月 30 日). 2015 年十大天气气候事件. 2016 年 4 月 7 日访问于搜狐网,http://mt. sohu. com/20160104/n433351391. shtml.

[8]第二十一届联合国气候变化大会(2015 年 11 月 30 日). 气候大会,巴黎不会成为第二个哥本哈根. 2016 年 6 月 30 日访问于人民网,http://world. people. com. cn/n/2015/1130/c157278 –27869013. html.

试析政府在气候传播中的主导作用

——以京津冀地区政府雾霾治理为例

盛新娣　陈明慧①

摘　要:气候传播,是将气候变化信息及其相关科学知识为社会和公众所理解和掌握,并通过公众态度和行为的改变,以寻求气候变化问题解决为目标的社会传播活动。政府在传播气候问题的紧迫性和重要性,促使公众做出态度和行为改变的过程中,发挥着主导作用。本文通过分析政府在雾霾天气治理中的表现、取得的成果,探讨政府在气候传播中如何更好发挥主导作用,让公众了解气候变化的相关科学知识,充分认识到气候变化引起的严重后果,从而做出行之有效的行为变化,实现真正有效的气候传播。

关键词:政府　主导作用　公众态度　雾霾天气

根据卫星监测显示,冬季灰霾天波及黑龙江、吉林、辽宁、北京、天津、河北、山东、河南、山西、湖北、安徽、江苏、陕西、新疆、内蒙古、宁夏、甘肃 17 个省市,作为雾霾的重灾区,京津冀地区的污染情况以及相关的治理措施一直备受关注,加强大气污染治理的呼声日益高涨。《大气污染防治行动计划》(2013 年 9 月发布,以下简称大气"国十条")提出大气污染治理要坚持"区域协作与属地管理相协调、总量减排与质量改善相同步".② 京津冀地区的雾霾治理要联合联动,综合治理,

---

①　盛新娣、陈明慧,新疆财经大学新闻与传媒学院硕士研究生。本文是新疆维吾尔自治区普通高校重点人文基地重一般项目《新疆生态文化传播动态分析研究》(项目编号:XJEDO214S090 阶段研究成果)。

②　"国务院关于印发大气污染防治行动计划的通知". 中国政府网, http://www.gov.cn/zwgk/2013 – 09/12/content_2486773. htm,访问时间:2016 年 12 月 22 日。

实现环保一体化。

一、合理运用数据传播气候变化的信息

政府及相关部门能够获得关于气候变化的最新信息,能够与气候方面的专家进行及时的沟通,能够掌握关于气候变化的科学数据。政府要合理运用气候变化的相关数据,为广大受众提供关于气候变化的最新信息。

环保部表示,2018 年 12 月 18 日北京市预测 PM2.5 小时峰值浓度将超过 400 微克/立方米,但实际最高浓度为 275 微克/立方米;天津市预测 PM2.5 小时峰值浓度将超过 500 微克/立方米,实际最高浓度为 380 微克/立方米。[①] 仅仅是有预测数据,难以让公众信服,通过预测数据和实际数据的对比能够表明,虽然多个城市达到严重污染水平,但由于各地政府积极应对,同时广大公众以绿色出行等实际行动积极参与应急减排,社会各界大力支持,重污染天气影响有所减弱。

京津冀地域大气污染防治联合研究总体专家组 12 月 19 日就近期公众关心的大气污染来源成因与应对效果等问题回答了公众的疑虑,多年的实际观测和数值模拟研究表明,各地的 PM2.5 污染互相影响,从全年的 PM2.5 来源解析与分析可知,北京市区域传输贡献占 28% ~36% ,本地污染排放贡献占 64% ~72% ;天津市区域传输占 22% ~34% ,本地排放占 66% ~78% ;石家庄区域污染传输贡献占 23% ~30% ,70% ~77% 来自石家庄本地污染。[②] 这些数据清楚地表明京津冀三地自身排放量大是最主要的因素,周边省市的区域传播对京津冀地区 PM2.5 污染有影响,但不是最主要的因素。公众对于京津冀地域的大气污染来源成因是一知半解的状态,通过专家的这组数据,公众能够清楚地了解到,京津冀地域污染的主要因素是自身的大排放量,要想改变本地区的雾霾天气需要广大公众积极参与到低碳减排的行动中。

据北京市环保局介绍,2015 年,北京空气质量达标天数 186 天,占全年天数的51% ,较 2014 年增加 14 天,其中一级优的天数增加 13 天;2015 年重污染共 46 天,占 13% ,较 2014 年减少 1 天;与 2014 年相比,2015 年北京空气中的二氧化硫、二氧化氮、PM10、PM2.5 年均浓度分别下降 38.1% 、11.8% 、12.3% 、6.2% 。而 2016

---

① "环保部:重污染应急显效北京 18 日 PM2.5 峰值浓度下降 125 微克/立方米". 新京报,http://news. ifeng. com/a/20161219/50440687_0. shtml,访问时间:2016 年 12 月 22 日。

② "京津冀大气防治污染专家组就重污染天气过程答记者问". 中国第一环保门户,http://www. greentv. com. cn/news/news_detail. aspx? ID =153926,访问时间:2016 年 12 月 22 日。

年前三季度,北京空气质量达标天数有 155 天,同比增加 17 天,其中一级(优)60
天;空气重污染天数同比减少 4 天。根据数据表明,北京地区空气达标天数在逐
渐地增加,空气重污染天数呈减少的趋势,这说明,北京地区的污染治理是有效
果的。

通过这些数据,公众可以清楚地看到空气质量达标天数的变化,可以看到实
施低碳减排的效果。此外,之前的"APEC 蓝""阅兵蓝"等现象也是治理污染取得
的重要成果,也唤起公众对蓝天白云的渴望,激发了公众对良好生态环境的向往,
有效地推动了气候传播。

政府污染治理主要的受益者是广大公众,权威性、科学性的气候变化信息对
于广大公众具有重要的价值。公众对于雾霾产生的原因是一知半解的状态,当受
众认为传播的信息具有显著性、重要性、相关性时,他们更容易接受。政府作为污
染治理的主导者,能够把握最前沿的科学数据,而及时将这些气候变化的数据传
播给广大公众,让公众真正地了解气候变化相关的科学知识,从而启发广大受众
参与到污染治理的队伍中。

2015 年 11 月 25 日以来的一周时间,从网络数据看,舆论对雾霾的关注不断
升温,截至 2015 年 12 月 1 日 18 时,当天雾霾的搜索指数已经接近 30 万人/次,微
博量超过 8 万条,相关新闻报道 4000 余篇,一周之中,京津冀地区搜索"雾霾"
"PM2.5"等关键词的网民占比近 40%,其中北京地区网民的搜索量最高,占比超
过 30%;网民还关注雾霾危害及防霾方法,占比约为 32%。①

这些数据表明,普通公众对于雾霾天气是很关注的,政府通过公布实际数据,
对于帮助公众了解相关的气候变化信息是有很大帮助的,公众只有了解到气候变
化的实际情况,才能意识到气候变化对于生产生活的影响,才能采取行之有效的
行为改变,从而促进有效的气候传播。

二、充分利用媒体传播气候变化的信息,扩大气候传播的影响力

相比较而言,中国媒体的气候传播起步比较晚,对于气候传播的关注力度仍
然欠缺,中国公众对于气候传播的认识不足。在过去几年里中国媒体在帮助扩大
政府政策影响、帮助公众了解气候变化情况、掌握应对气候变化等方面,做了一些

---

① 韩志明、刘璎.京津冀地区公民参与雾霾治理的现状与对策.《中国政治》,2016 年第 5
期。

努力。气候变化与整个经济社会发展、世界的发展都有联系,从这方面来看,我们的媒体、政府,特别是公众,认识是远远不够的,需要进一步增强我们的气候传播意识、气候变化意识。①

在新媒体时代,政府可以利用的媒体不仅仅是报纸、电视等传统媒体,微博、微信、手机新闻客户端等新媒体也可以成为政府的发声平台,更多地为广大受众提供气候变化的相关信息。以《人民日报》纸质版和人民日报手机 APP 关于雾霾天气的报道为例,《人民日报》纸质版,从 2016 年 12 月 1 日到 12 月 22 日,关于雾霾天气的报道有 11 篇报道,在标题中直接出现"雾、霾"字眼的报道有 4 篇,其中在 19 日到 22 日有 3 篇;人民日报手机 APP,从 19 日到 22 日,关于雾霾天气的报道 56 篇,而在标题中出现"雾、霾"字眼的报道有 36 篇。

冬季是雾霾的频发季节,在空气质量红色预警开启以来,人民日报手机 APP 及时关注雾霾天气的变化以及政府实施的各种措施,还专门开设"直播—427 米高空看北京"这类及时连线的现场直播节目。这对于传播气候变化的信息,为广大公众及时了解雾霾天气的变化,了解政府各类治理雾霾措施的实施提供了很大的帮助,促进了有效的气候传播。不仅如此,北京市环境保护局、天津市环境保护局、河北省环境保护厅都注册了自己的官方微博。北京市环境保护局官方微博名称"环保北京",关注人数 94 万人,共发布微博 7320 条;天津市环境保护局官方微博名称"天津环保发布",关注人数 32 万人,共发布微博 7472 条,河北省环境保护厅官方微博名称"河北省环保厅",关注人数 67753 人,共发布微博 2260 条。

新媒体的发展势头迅速上升,我国网民的数量也在逐年递增。据第 37 次《中国互联网络发展状况统计报告》显示,我国网民规模达到 6.88 亿,互联网普及率达到 50.3%,较 2014 年提升 1.1%,网民规模增速有所提升。我国手机网民规模达 6.20 亿,使用手机上网人群占比由 2014 年的 85.8% 提升至 90.1%,手机依然是拉动网民规模增长的首要设备。② 京津冀地区的政府部门适应时代的发展,积极主动利用自媒体发布雾霾天气的变化信息,传播气候变化的相关信息,为网民提供关于气候变化的信息资源,这对提高公众关于气候变化的认识,促使公众做出行之有效的行为改变具有重要的作用。

在传统媒体时代政府多是借助报纸、电视等媒体来发布相关信息,报纸、电视

---

① 郑保卫(2015). 论气候变化与气候传播. 308 – 309. 河北:燕山大学出版社.
② CNNIC 发布第 37 次《中国互联网络发展状况统计报告》. 业界动态. 2016 年第 2 期.

等传统媒体是政府的发声平台,随着新媒体时代的到来,政府及相关部门可以借助微博、微信等自媒体,传播相关的信息,政府由信息来源转变成传播者。如公民环境研究中心开发了用于大气污染信息监测的"蔚蓝地图"APP,自2014年6月上线以来超过300万人次的下载量,引起430多家企业对污染问题进行公开说明,显示了公民参与的力量。[1]

现在,公众的新闻信息的获得来源很广泛,不仅仅是从传统的报纸、电视来获得新闻信息,更多的是在自媒体平台获取相关信息。但是我国大部分的公众对于气候变化的成因、影响以及后果不够了解,甚至处于一知半解的程度。

1972年,麦库姆斯和肖提出大众传媒的"设置议题"理论认为,传媒的新闻报道和信息传达活动以赋予各种议题不同程度的显著性的方式,影响着人们对周围世界的大事及重要性的判断。也就是说,大众传播只要对某些问题予以重视,为公众安排议事日程,那么就能影响公众舆论。虽然大众传播媒介不能直接决定人们怎样思考,但是它可以为人们确定哪些问题是最重要的。因此,当大众传播媒介大量、集中报道某个问题或事件时,受众也就会关注、谈论这些问题或事件。

新闻媒体对于气候变化相关科学知识传播的力度不够大,传播的知识不够广泛、深刻,传播的受众不具有针对性,这就容易造成我国公众对于气候变化问题的了解相对滞后,公众对气候传播意识不到位,在行动上很难做出行之有效的改变,不利于改善我国现有的气候问题。政府作为气候传播的主导者,要充分地利用新闻媒体,与新闻媒体联合起来,形成强大的传播合力,为公众传播全面、具体而又深刻的气候变化的相关的科学知识。而且政府及其相关部门要灵活利用新媒体时代的微博、微信等自媒体,来进行有效的气候传播。

此外,还要不断扩展新的媒体传播方式,发挥媒体传播的复合功能,实现传播主体的多元化和传播手段的多样化,这就需要整合媒体与政府、社会组织、企业、公众多方面的传播资源,打造多元主体的网络传播,以构建多主体、多功能、立体化的气候变化对外传播网络。[2]

三、让广大公众参与到气候问题治理的实践中

政府是气候传播的主导者,是各类环保活动的倡导者,是各种治理措施的制

---

① 徐骏绘.绿色焦点·"十三五"环境短板怎样补.人民日报,2015-11-07。

② 郑保卫.我国气候变化问题对外传播话语体系建构.《对外传播》,2014.11。

定者,而广大公众是气候传播的主要实践者,是政府措施的主要行动者,政府在进行气候传播时要把握住受众,积极引导广大公众参与到政府倡导的各类活动、各种措施的实践中。

京津冀地区政府在治理雾霾过程中实施的措施,对于公众来说至关重要。政府措施的实施,要尽可能多地涉及广大受众,让更多的公众参与到雾霾的治理中,这有利于传播气候变化的相关科学知识。京津冀地区受雾霾天气的影响,启动重污染天气红色应急响应,机动车采取尾号单双号限行措施。为了确保保障应对措施的落实,政府派出监察组,就各地重污染天气应对措施落实情况展开督查。根据环保部通报,北京市公安局公安交通管理局继续加强机动车单双号限行管理、禁限车辆查控、交通宣传引导等措施,在这次红色预警期间,共处罚建筑垃圾、渣土等货车违法行为1277起,发现违反单双号行驶行为8.5万起、违反国I国II轻型汽油车禁行行为1.2万起。

虽然多个城市达到严重污染水平,但是由于各地政府积极应对,广大民众以绿色出行等实际行动积极参与应急减排,全民抗霾,重污染天气影响有所减轻。政府采取积极的措施应对,并配有相应的督查手段,这足以表明政府在治理污染方面的决心。政府作为政策的主导者,其推行的措施和手段,都对民众有很大的影响。

在雾霾天气,政府积极应对雾霾天气,实施与广大公众密切相关的措施,使广大民众理性参与其中,更多的民众从被动参与转为积极主动参与,开始自觉关注雾霾的治理,关注气候变化的问题,这对于气候变化问题的治理实际意义。在进行雾霾治理时,采取更有利于公众参与的措施,能更有效地促进公众参与的热情和信心。12369是北京市环境保护举报电话,主要是受理本市范围内有关环境污染的投诉举报、环境保护政策法规的咨询等,北京市民可以通过拨打12369投诉热线参与环保监督。根据北京市环保局介绍,自12月16日20时北京启动空气重污染红色预警以来,在"红警"状态下,12369环保投诉举报热线已接到公众来电3000余次。截至20日17时,12369环保投诉举报热线共接到公众来电3198件,受理、转办环境污染违法行为353件。市民积极踊跃地拨打环保投诉热线,参与环保监督,能有效促进公众对政府治理气候变化问题政策实施的了解,能够激发公众参与到环境保护的行动中。

一般来说,公众对于与自身利益密切相关的事务,是比较关心的,政府实行的这些措施,通过媒体传达到受众,能够引起受众极大的兴趣。新闻媒体报道政府的这些相关举措,对于公众来说是很具有新闻价值的,一般情况下,离受众越近、关系越密切的事,就越为他所关注。这是因为,受众对于新闻价值的判断不仅受到新闻信息强度、时新、趣味等因素的影响,求近心理也是一种重要的心理定式。

四、推动京津冀地区环保一体化,合力解决雾霾恶性循环

2015 年 5 月 19 日,京津冀及周边地区大气污染防治协作小组第四次会议在北京召开。会议审议并原则通过了《京津冀及周边地区大气污染联防联控 2015 年重点工作》,明确京、津、冀、晋、鲁、内蒙古六省区市联手继续深化协调联动机制,并在机动车污染、煤炭消费、秸秆综合利用和禁烧、化解过剩产能、挥发性有机物治理、港口及船舶污染六大重点领域协同治污。

政府是雾霾治理的主导者,是气候传播的"领头羊",必须发挥好带头作用。目前,我国的气候传播还不到位,媒体对于气候传播的力度和深度都有巨大的上升空间,公众对于气候传播的认识还不足,气候传播在全国范围的影响力还不够。在应对气候变化的过程中,需要建构包括政府、媒体、社会组织、企业、公众在内的"五大行为主体"的行动框架,这其中,政府是主导者,媒体是引导者,社会组织是推动者,企业是责任者,公众是参与者。[①]

政府作为其中的主导者,要联动媒体,及时、积极地与媒体进行沟通,通过媒体传播关于气候变化的最新数据,将关于应对气候变化的举措通过媒体传播给广大公众;政府要与社会组织相互配合,积极推动社会组织关于气候传播的相关活动;对于企业,政府要建立健全问责处罚制度,落实"谁污染谁治理"措施,企业的污染处理设备的安装和使用要严格监察;公众作为应对气候变化的主要参与者,其人数是庞大的,力量也是不可估量的,所以政府在应对气候变化的过程中,要密切联系广大受众,充分调动广大受众的热情,让其参与到政府应对气候变化措施的实施中。

参考文献

1. 郑保卫,任媛媛. 论气候传播在生态文明建设中的作用. 现代传播,2015 年 01 期。

2. 郑保卫. 我国气候变化问题对外传播话语体系建构. 对外传播,2014 年

---

① 郑保卫. 我国气候变化问题对外传播话语体系建构.《对外传播》,2014.11。

11 期。

3. Susanne Moser,赖晨希.气候变化传播:历史、挑战、进程和发展方向.东岳论坛,2013 年 10 期。

4. 李云燕,王立华,王静,马靖宇.京津冀地区雾霾成因与综合治理对策研究.工业技术经济,2016 年 07 期。